CRACKING
QUANTUM PHYSICS
한 권으로 이해하는 양자물리의 세계

CRACKING QUANTUM PHYSICS

First published in Great Britain in 2017 by Cassell,
a division of Octopus Publishing Group Ltd,
Carmelite House, 50 Victoria Embankment,
London EC4Y 0DZ

CRACKING QUANTUM PHYSICS
한 권으로 이해하는 양자물리의 세계

지은이 | 브라이언 크레그
옮긴이 | 박지웅
펴낸이 | 조승식
펴낸곳 | (주)도서출판 북스힐
등   록 | 1998년 7월 28일 제22-457호
주   소 | 01043 서울 강북구 한천로 153길 17
TEL | 02-994-0071
FAX | 02-994-0073
www.bookshill.com | bookshill@bookshill.com
초판 인쇄 2019년 10월 20일
초판 발행 2019년 10월 25일
ISBN 979-11-5971-213-5
값 18,000원

CRACKING
QUANTUM PHYSICS
한 권으로 이해하는 양자물리의 세계

브라이언 크레그 지음 · 박지웅 옮김

차례

들어가면서

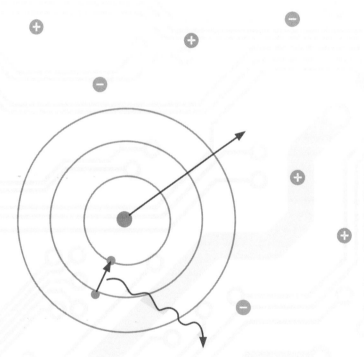

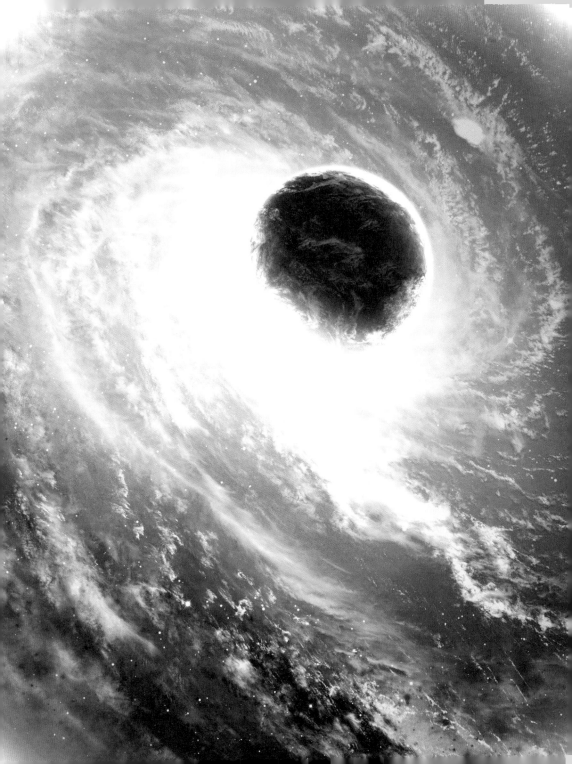

들어가면서

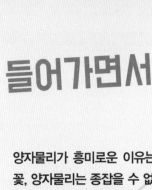

양자물리가 흥미로운 이유는 감춰진 비밀이 있기 때문이다. 과학의 꽃, 양자물리는 종잡을 수 없으면서도 극히 중요한 빛의 현상 그리고 물질을 이루는 원자와 아원자 입자의 움직임을 그려낸다. 전기, 자기, 20세기와 21세기를 대표하는 여러 핵심 발명품의 바탕이 되었던 학문이기도 하다. 양자물리는 아주 기이한 현상이 일어나는 세계를 그려낸다.

전자 같은 입자를 작은 공의 모습으로 떠올리는 일은 어렵지 않다. 현실에서는 우리가 공을 던졌을 때, 주변 상황을 전부 고려해서 생각할 수 있다면 공에 어떤 일이 벌어질지 정확히 예측할 수 있다. 양자 세계의 기이함은 확정성의 부재에 기인한다. 양자 이론의 초기 창시자 중 특히 아인슈타인은 임의의 시간이 흐른 뒤의 입자 위치를 오직 확률로만 나타내는 방정식을 보고 경악을 금치 못했다. 이 방정식에 따르면, 우리는 10초 뒤에 입자가 정확히 어디에 있을지 꼬집어 말할 수 없으며 오직 여러 장소에서 찾을 수 있는 '확률'로서 기술해야 한다. 다시 말해 입자가 도망치지 못하게 잡고 있지 않는 이상 오직 확률만이 존재한다는 것이다. 이러한 불확정성은 양자 수준에서 일어나는 다양한 작용에도 적용할

수 있다.

이제 확정성의 지배를 받는 일반적인 물체, 예를 들어 높이 던진 동전을 떠올려보자. 동전을 던졌을 때 앞면과 뒷면이 나올 확률은 각각 50:50이다. 공중에 떴다가 떨어진 동전은 우리가 관찰하지 않더라도 반드시 앞면이나 뒷면 중 어느 한쪽 면을 위로 향하고 있을 것이다. 하지만 양자물리의 시각으로 보면, 동전의 입자가 주변 세계와 상호 작용하기 전까지 '오직' 50:50이라는 확률만 존재한다. 1927년 양자물리의 거물들이 솔베이 회의에서 모였을 때, 확정성을 주제로 열띤 토론이 열렸다. 아인슈타인(Albert Einstein)과 슈뢰딩거(Erwin Schrödinger)를 주축으로 사람들은 확률에 의존하는 해석은 틀렸으며 '실재하는' 어떤 법칙이 숨겨져 있을 것이라고 확신했다. 보어(Niels

Bohr)와 하이젠베르크(Werner Heisenberg)를 포함한 반대파는 그러한 법칙이 실재할 이유가 없다는 생각이었다. 지금까지 밝혀진 바로는, 보어와 하이젠베르크의 주장이 옳다.

마치 어려운 철학 문제처럼 들린다. 결국 주변 세계를 이루는 물질은 양자 입자로 이루어져 있으면서도 우리가 예측하는 대로 움직인다는 소리다. 양자 수준에서 벌어지는 일이 그렇게나 중요할까? 분명히, "두말하면 잔소리다!" 원자의 존재를 가능하게 만들고 태양이 빛나게 할 뿐 아니라 스마트폰, 레이저, MRI를 포함해 오늘날 우리가 사용하는 많은 기술의 뿌리가 되는 것이 바로 기이한 양자 작용이다.

양자물리는 어렵기로 악명 높으며 알아야 할 공식도 만만치 않다. 하지만 기본 개념은 이해하기 쉬운 편이며 우리를 둘러싸고 있는 양자로 이루어진 세계를 이해하고 싶다면 반드시 짚고 넘어가야 한다. 본론으로 들어가기 전에, 이 모든 것이 어디서부터 시작되었는지, 물질과 빛에 대한 우리의 인식이 어떻게 발전해왔는지 아는 것이 중요하다.

▲ 1927년 개최된 솔베이 회의에 모인 양자물리의 창시자들.

CHAPTER 1
쪼갤 수 없는

▶ 이탈리아의 르네상스 화가 라파엘로의 프레스코화 '아테네 학당'이다. 가상의 모임에 참석한 그리스 철학자들을 표현했다.

만물의 본질

과학의 핵심이라 할 수 있는 물리학은 자연에 대한 우리의 인식을 뒷받침한다. 우주를 이루는 근본 물질이 움직이는 방식을 설명하고 이를 이해하는 방식이다. 바꾸어 말하면 물리학은 인간이 과학을 생각한 이래로 끊임없이 중요한 역할을 맡아왔다는 뜻이기도 하다.

정도의 차이를 떠나 번영을 이루었던 문명이라면 모두 예외 없이 해당하는 말이다. 하지만 현대 과학의 전통은 그리스에 기반을 두었기에, 양자물리로 완전히 탈바꿈되어 발전한 현대 물리학을 살펴보기 위해서는 고대 그리스인의 생각을 돌아보는 것이 가장 효율적이다. 고대 그리스의 과학 이론 대부분은 더 이상 유효하지 않지만, 자연을 보는 새로운 관점이라는 가치 있는 유산은 남았다.

탈레스
(BC 624~547년경)

피타고라스
(BC 570~490년경)

플라톤
(BC 428~348년경)

아리스토텔레스
(BC 384~322년경)

신학에서 물리학으로

· · · · · · · · · ·

과거에는 모든 자연을 신의 창조물이라고
생각했지만, 기원전 7세기 말에 태어난
그리스 철학자 탈레스(Thales)와 제자들
은 만물의 근원을 영적인 원인보다는 물
질에서 찾았다. 200년 뒤에 나타난 그리
스 철학자 아리스토텔레스(Aristoteles)가
남긴 글을 살펴보면 탈레스를 따랐던 사
람들을 자연 철학자(physikoi, 피지코이)
라고 지칭했는데, 이는 신학자(thelogoi,
테올로고이)와 구별하기 위함이었다.

고대 그리스에서 물리학은 생물을 포함해
지구에 존재하는 모든 것에 대한 과학을
의미했으며 천문학은 수학의 한 영역이
었다.

유클리드
(BC 300년경 활동)

아르키메데스
(BC 287~212년경)

에라토스테네스
(BC 276~195년경)

히파르코스
(BC 190~120년경)

원소

초기 그리스의 철학자들은 모든 물질이 원소로 구성되어 있다고 믿었으며 기원전 5세기경 처음으로 엠페도클레스가 만물이 흙, 공기, 불, 물로 이루어져 있다고 주장했다. 지나치게 단순한 생각으로 느껴질 수 있겠지만, 관찰을 통해 세운 이론의 과학적 원리에 근거를 둔다. 엠페도클레스는 나뭇가지를 태우면 공기와 비슷한 연기가 피어오르며 불이 타오르고 물과 유사한 수액이 흐른 다음 마지막으로 흙에 가까운 재로 변한다고 생각했다.

▲ 17세기 판화에 나타난 엠페도클레스의 상상도.

아리스토텔레스는 다섯 번째 원소로 에테르(aether)를 추가해 엠페도클레스(Empedocles)의 이론을 확장했다. 그는 달 궤도보다 위에 있는 세계가 완전하다고 믿었기 때문에 우리 주변을 둘러싸고 있는 물질과는 성질이 다른 에테르로 이루어져 있다고 생각했다. 나머지 네 원소는 중력이 작용하는 방식을 설명하는 데 사용되었다.

아리스토텔레스가 중력을 설명했던 방식은 원소마다 고유한 자리가 있다는 자신의 생각에 근거를 두고 있다. 흙과 물은 우주의 중심으로 가까이 나아가려는 반면 불과 공기는 중심에서 멀어져 공중에 뜨고자 한다는 것이다. 사실 천동설이 을 뒷받침했다기보다는 5원소설이 천동설의 가장 강력한 근거가 되었다고 보는 것이 옳다.

▲ 1501년에 출판된 사크로보스코(Sacrobosco)의 저서에서 발췌한 4원소 영역. 흙을 나타내는 가장 작은 영역이 한쪽으로 치우쳐 있는 이유는 물기 없이 바싹 마른 땅을 설명하기 위해서이다.

혜성은 골치 아픈 존재다. 우주를 떠돌면서 형태가 변하기 때문에 보이는 모습과는 다르게 달의 궤도 아래에 존재할 것으로 추측된다.

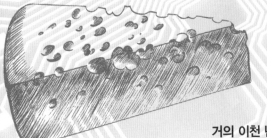

원자론자들

거의 이천 년 동안 물질에 대한 정론으로 받아들여졌던 4원소설 외에도, 고대 그리스에는 또 다른 이론이 존재했다.

엠페도클레스와 동시대에 살았던 레우키포스(Leucippus)와 그의 제자 데모크리토스(Democritus)가 내놓은 원자론은 현대 원자론과 놀라울 만큼 비슷하다. 이들의 원자론은 어떤 물체를, 예를 들면 치즈 조각을 계속 자른다면 어느 순간 더 이상 쪼갤 수 없을 만큼 작은 알갱이가 남는다는 생각에 근거를 두었다. 이 알갱이를 '나눌 수 없는'이라는 뜻을 가진 그리스어 '아토모스(atomos)'로 불렀다. 모든 물체를 이루는 본질을 원자로 한정했던 셈이다.

원자론에 따르면 원자의 성질은 서로 같지만 크기와 모양이 다르며 여러 원자가 모여 각기 다른 물체를 이룬다. 따라서 치즈를 이루는 원자와 공기를 이루는 원자는 다르다.

아리스토텔레스는 원자론을 배척하고 4원소설을 발전시켰다.

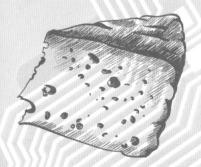

중세 시대에 아톰(atom)은 시간을 측정하는 가장 작은 단위로도 쓰였으며, 376아톰은 1분과 같았다.

"천문학자이자 참된 철학자들이 세운 정의에 따르면 아톰은 시간의 가장 작은 단위이다. 찰나의 순간이기 때문에 더 이상 나눌 수 없으며, 체감하기란 불가능에 가깝다."

《미지의 구름(The Cloud of Unknowing)》, 14세기, 작자 미상.

4원소설에 밀려난 원자론

● ● ● ● ● ● ● ● ● ●

흙, 공기, 불, 물을 다룬 4원소설보다 원자론이 물질의 기원을 설명하는 방식이 더욱 현대적으로 여겨지겠지만, 고대인들은 주변에서 일어나는 현상을 예측할 수 있었던 4원소설이 훨씬 과학적이라고 생각했다. 반면 모든 물질이 고유한 원자로 이루어져 있다고 주장했던 원자론은 세계를 이해하는 데 전혀 도움이 되지 않았다.

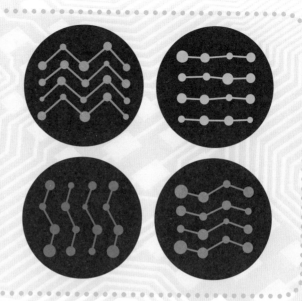

앞에서 보았듯이, 아리스토텔레스는 다섯 번째 원소로 에테르를 추가하여 원자론 전체를 뒤집으려 했다. 그는 실제로 모든 물질이 원자로 이루어져 있다면 원자와 원자 사이에 반드시 공간이 생길 텐데, 이러한 공간 즉 진공이 다른 물질로 저절로 채워지지 않는다는 원자론의 주장을 받아들일 수 없었다. 또한, 진공이 실제로 존재한다고 가정하면 운동하는 물체가 언젠가는 저절로 멈추는 현상 역시 설명할 수 없었다. 아리스토텔레스는 진공의 존재를 부정했으며 그의 원소설 역시 진공에 대한 내용은 다루지 않는다.

원자

▲ 고대 그리스의 원자론자들에 따르면, 모든 물체는 더 이상 나눌 수 없는 알갱이인 원자로 이루어져 있다.

빛의 신비

물질은 실체가 있기 때문에 비교적 설명하기 쉬운 편이다. 고대인들은 빛의 성질을 파악하기 위해 고심해야 했다.

옛날 사람들은 빛을 시각 형성 과정의 일부로 여겼으며 더 나아가 사람의 눈에서 빛이 뿜어져 나온다는 기이한 주장을 펴기도 했다. 오늘날의 우리는 빛에 대해서 고대인보다 훨씬 많이 알고 있다. 빛은 태양에서 지구로 에너지를 전달해 생명체가 살 수 있는 환경을 만들며 빛의 입자인 광자는 전자기력을 매개하는 역할을 한다.

선사 시대 사람들은 하늘에서 내려오는 밝은 빛에 특별한 의미를 부여했으며 많은 문화권에서 태양과 달을 신으로 받들었다.

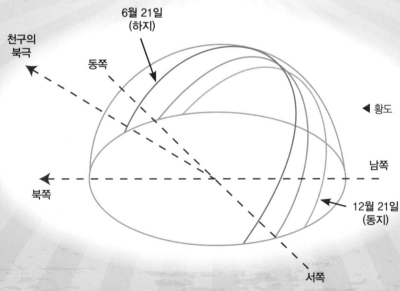

빛의 건축물

스톤헨지(Stonehenge)의 용도는 확실히 밝혀진 바 없이 추측만 난무하지만 한 가지 확실한 사실은 고대의 다른 건축물처럼, 매년 특정 시기에 스톤헨지의 구조물 일부가 태양이 있는 방향을 가리킨다는 것이다. 오늘날 스톤헨지의 가장 큰 연중행사는 하지에 열리지만, 발견된 단서로 미루어 보아 건설 당시 가장 중요하게 생각한 것은 스톤헨지와 일직선을 이루는 동지의 태양이다. 동지는 낮의 길이가 다시 길어지기 시작하는 날이다. 고대인은 태양의 위치 변화를 통해 곧 새로운 해가 밝을 것이며 수확의 봄이 다가오고 있다는 사실을 미리 알 수 있었다. 빛은 단지 물체를 볼 수 있게 해주는 매개체일 뿐 아니라, 희망의 사자이기도 했다.

눈에서 나오는 불

만물이 4원소로 이루어져 있다는 고대 그리스인의 열렬한 믿음은 빛도 불의 한 가지 형태일 것이라는 추측으로 이어졌다. 엠페도클레스는 눈에서 불을 쏘아서 물체에 닿으면 관측자가 대상을 볼 수 있다고 생각했다. 또한 불이 눈 속의 물과 접촉하지 않도록 정교하게 자리 잡고 있으며 눈을 뜰 때마다 밖으로 방출된다고 믿었다.

◀ 그리스인의 이론에 따르면, 사물을 보기 위해서는 눈에서 나간 불이 관측 대상에 닿아야 했다.

논리적으로 생각한다면 그 믿음은 명백하게 틀렸다. 그렇지 않다면 어둠 속에서도 물체를 볼 수 있어야 한다. 서로의 눈에서 튀어나온 불을 보지 못한다는 것에 대해서는 더 말할 것도 없을 것이다. 하지만 눈에서 나오는 불이 제 기능을 하는 데 태양의 역할은 중요하다. 태양은 우리가 물체를 볼 수 있도록 빛을 제공하는 게 아니라 시각 경로를 활성화한다고 생각했다. 이 특이한 이론은 시간이 지나면서 조금씩 바뀌었고 나중에는 빛이 직선 운동을 한다는 내용으로 변했다. 하지만 여러 세기 동안 사람들은 눈에서 나오는 불 덕분에 사물을 본다고 생각했다.

동방의 빛

• • •

눈에서 불이 나온다는 발상이 사라진 것은 순전히 11세기 초의 아랍 철학자들 덕분이었다. 아랍인은 과학적 생각으로 렌즈와 거울의 원리를 정확히 이해했으며, 이들의 발상은 약 100년 후 서양으로 전해지게 된다.

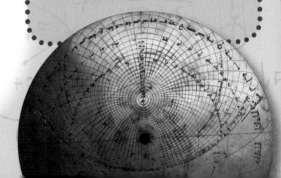

파동과 입자

시간이 흐르면서 과학자들은, 태양이나 불에서 관측자
의 눈으로 빛이 이동하기 위해서는 무언가가 필요하다
는 사실을 깨달았다. 뉴턴(Isaac Newton)의 시대
인 1600년대 후반에는 이에 관한 두 가지
상반되는 이론이 있었다. 뉴턴은 빛이
원자론자의 물질처럼 작은 입자로
이루어져 있다고 믿었는데 이러한
입자를 '미립자'라고 불렀다. 반
면, 동시대 사람이었던 네덜
란드의 하위헌스(Christiaan
Huygens)는 빛을 물의 표면
에서 퍼져나가는 물결과 유사
한 파동으로 보았다.

두 이론 모두 문제점이 있
었다. 미립자로는 빛이 어떤
대상에는 반사되고 어떤 대상
에는 통과하며, 통과하면서 휘
어지는 이유를 설명할 수 없었
다. 파동론자들 역시 어떻게 태양
과 별에서 나온 빛이 아무것도 없
는 공간을 통과해 우리에게 닿을 수
있는지 밝혀내야 했다. 빛이 미립자로
되어 있다고 생각하면 간단한 문제지만,
빛이 파동이라면 반드시 파동을 전달할 매질이
있어야 한다. 두 이론의 지지자들 사이의 대립은
100년이 넘게 이어졌다.

▲ 당시의 다른 과학자들처럼 하위헌스는 방대
한 관심사를 가지고 있었다. 빛, 천문학, 확률,
역학 등을 연구하는 바쁜 와중에도 진자시계를
발명했다.

영의 이중 슬릿 실험

파동론과 입자론 사이의 논쟁은 토마스 영이 나서면서 마무리되는 듯했다. 1773년에 태어난 영은 부유한 의사였는데 한때 물체의 탄성을 연구했으나 나중에는 보험 회사에서 보험료를 책정하는 일을 돕게 되었다. 영의 가장 위대한 업적은 '영의 이중 슬릿' 장비를 사용해서 빛이 파동의 성질을 지닌다는 사실을 증명한 것이다.

1801년, 영(Thomas Young)은 하나의 광원에서 두 개의 가는 빛을 쏘아 보내고, 한 쌍의 얇은 슬릿을 이용해 종이 위에서 중첩된 빛을 얻어냈음을 발표했다. 파동끼리 서로 간섭할 수 있다는 사실은 이미 알려져 있었다. 두 개의 돌을 물 표면에 떨어뜨리면 파동의 간섭이 일어나는 지점이 생기는데 서로를 보강하여 더 강한 파동이 발생한다. 반면 일부 지점에서는 파동이 서로 정반대 방향으로 진행하면서 서로를 상쇄하는 현상이 나타난다. 영은 종이 위에서 검은 색과 밝은 색의 줄무늬를 발견했다. 빛의 파동성 때문에 물 표면에서 일어나는 것과 같은 간섭이 나타난 것이다.

◀ 영은 미세한 물방울 안개 사이로 촛불을 비추면서 이슬의 형성에 온도가 미치는 영향을 연구하고 있었다. 관찰 도중 이슬의 위상이 흰 스크린에 투영되었는데 백색의 중심 주변에 형형색색의 띠가 나타났다. 영은 발생한 띠가 빛의 파동이 서로 간섭하면서 나타난 것으로 의심했고 이중 슬릿 실험을 진행하였다.

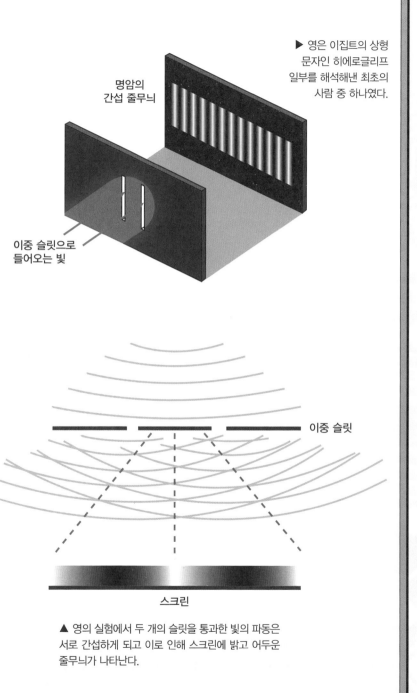

명암의
간섭 줄무늬

이중 슬릿으로
들어오는 빛

▶ 영은 이집트의 상형
문자인 히에로글리프
일부를 해석해낸 최초의
사람 중 하나였다.

이중 슬릿

스크린

▲ 영의 실험에서 두 개의 슬릿을 통과한 빛의 파동은
서로 간섭하게 되고 이로 인해 스크린에 밝고 어두운
줄무늬가 나타난다.

에테르의 파동

영은 빛의 파동성을 명쾌하게 증명했지만, 이중 슬릿 실험은 태양에서 출발한 빛이 어떻게 우주의 진공을 뚫고 지구에 도달하는지 밝혀내지 못했다.

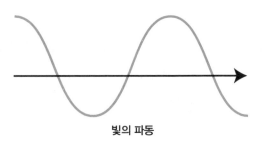

빛의 파동

음파가 우주를 건널 수 없다는 사실은 이미 알려져 있었다. 병 안에 종을 넣은 다음 병 내부의 공기를 밖으로 빼내면 더 이상 종소리가 들리지 않았다. 하지만 종이 떨리는 모습은 여전히 볼 수 있었다. 따라서 파동은 다른 물질의 진동이어야 했다.

빛이 부리는 재주를 설명하기 위해서, 당시의 과학자들은 오래된 발상 하나를 다시 꺼내어 수정하기에 이른다. 에테르는 눈에 보이지 않지만 우주 공간을 채우고 있으며 진동을 통해 빛의 파동을 실을 수 있다. 또한 에테르는 자신을 통과하는 물체에 저항하지 않는 기이한 성질이 있어 이 때문에 태양과 별에서 출발한 빛이 몇백만 킬로미터를 날아올 수 있다고 생각했다.

바다에 치는 파도

▲ 빛의 파동은 진행 방향에 수직으로 진동한다.

파동이 물질을 통과할 때 매질의 밀도가 낮을수록 많은 에너지 손실이 일어난다. 이러한 경우 파동은 더 쉽게 소멸한다. 에테르는 밀도가 극도로 높으면서도 파동을 통과시킬 수 있는 물질이어야 했다.

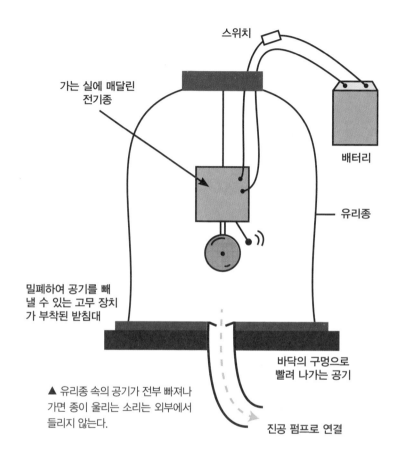

스위치

가는 실에 매달린
전기종

배터리

유리종

밀폐하여 공기를 빼
낼 수 있는 고무 장치
가 부착된 받침대

바닥의 구멍으로
빨려 나가는 공기

▲ 유리종 속의 공기가 전부 빠져나
가면 종이 울리는 소리는 외부에서
들리지 않는다.

진공 펌프로 연결

불가사의한 에테르

에테르는 꽤 독특한 물질처럼 보였다. 19세기
에 발견된 편광(➔144쪽) 같은 특징을 통해
빛은 파도와 같은 횡파이며, 압축파나 음파처
럼 진행 방향과 같은 방향으로 밀도가 빽빽해
졌다가 듬성듬성해지는 종파와는 정반대의

성질을 지닌다는 사실을 알 수 있었다. 횡파
는 물질의 가장자리를 따라 흐르지만, 빛은
밝혀지지 않은 어떤 이유로 에테르 내부를 통
과한다고 보았다. 이상한 점이 있었지만 빛이
파동이라면 반드시 매질이 필요하기 때문에
에테르가 존재하리라고 생각했다.

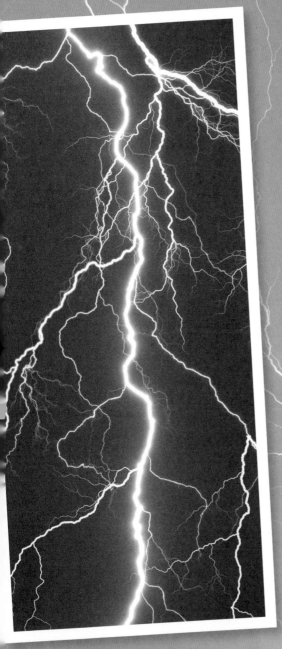

전기

우리가 일상에서 마주치는 세계는 대부분 물질과 빛으로 이루어져 있지만, 세상에는 전기의 형태를 가지는 물체도 있다. 이들의 존재를 가장 분명하고 극적으로 드러내는 예가 번개다. 그 외에도 전기물고기로부터 받았던 자극을 통해 인간은 꽤 오래전부터 전기의 존재를 인식해 왔다.

전기의 속성을 정확하게 파악한 것은 원자의 구성이 밝혀진 이후지만, 1600년대부터 전기와 자기가 다르다는 사실을 이해하는 사람이 많아졌다. 따라서 전기를 지칭할 다른 이름이 필요했는데 영국의 자연 철학자 길버트(William Gilbert)가 호박을 뜻하는 고대 그리스 단어인 electron과 라틴어로 '호박과 같은'이라는 의미의 electricus를 따서 'electricity'라는 단어를

▲ 일반적인 번개는 중형 발전소가 1초 동안 만드는 만큼의 에너지를 가진다.

19세기 말까지 과학을 업으로 삼은 사람을 흔히 '자연 철학자(Natural philosopher)'라고 불렀다. '과학자(Scientist)'라는 말은 1833년에 '예술가(artist)'에서 따온 것으로, 널리 쓰이기까지 수십 년이 걸렸다.

만들어냈다. 원리에 대한 정확한 이해가
부족하기는 했지만, 실크 줄에 매달린
소년이 구경꾼 지원자에게 전하를 옮기
는 시연한 '전기 소년'에서부터 전동기
를 발명한 패러데이(Michael Faraday)와
같은 여러 과학자에 이르기까지, 전기는
점차 널리 쓰이기 시작했다.

호박의 매력

초기 그리스 철학자 탈레스는 어떤 물질, 특히 호박
을 문지르면 작은 물체를 끌어당기는
힘을 가지게 되는 원시적
인 전기 현상에
주목했다.

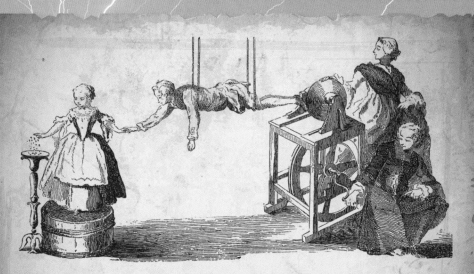

'전기 소년'

사람을 통해 전류를 흘려보내어 전기 충격을 주는 실험은
18세기에 유행한 유흥거리로, 대중에게 인기를 끌었다.

자기

전기와 마찬가지로 자석은 먼 옛날부터 우리에게 익숙한 존재였다. 자연에 존재하는 자철석(Lodestone)은 접촉하지 않아도 가벼운 금속 조각을 움직일 수 있었다.

특유의 신비한 힘 때문에 자석은 오래된 과학 연구 대상 중 하나였다. 현존하는 자석에 관한 기록 중 가장 오래된 것은 페레그리누스(Petrus Peregrinus de Maricourt)의 저서 《자석에 대한 편지(Epistols de Magnete)》다.

1600년에는 전기라는 단어를 처음 만든 길버트가 《자기에 관하여(De Magnete)》를 출판했는데, 이 책은 영

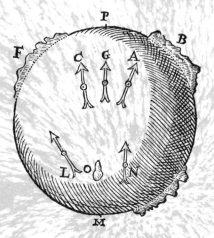

▲ 길버트는 자화된 금속 공에 '테렐라(terrella)'라는 이름을 붙여 지구의 자기력을 설명하는 모형으로 삼았다.

▼ 엘리자베스 여왕 1세 앞에서 자기에 관해 실험하는 길버트의 모습. 허친슨(Hutchinson)의 1920년대 역사책 《국가의 이야기(Story of the Nations)》에서 발췌.

자석으로서의 지구

길버트는 지구가 하나의 거대한 자석임을 처음으로 증명한 사람이었다. 길버트는 중력을 자기의 결과라고 생각하기도 했으며, 그의 생각이 모두 맞았던 것은 아니다. 하지만 길버트는 구형 자석을 사용해 경사 바늘을 만들거나 북극의 예상 위치를 탐색하고, 나침반의 여러 기능을 연구했는데, 이는 자연 현상을 과학적으로 주의 깊게 관찰하는 가장 오래된 방법 중 하나였다.

향력을 꽤 떨쳤다. 조잡한 자기 나침반을 수백 년 동안 사용해왔어도 작동 원리를 정확히 아는 사람이 없었다. 정답에 근접했던 당시의 의견은 북극성이나 북쪽 멀리 있는 이상한 섬이 알 수 없는 방식으로 자석을 끌어당긴다는 것이었다.

▲ 지구의 자기장은 지구 표면에서 멀리 떨어진 곳까지 영향을 미치며 나침반이 언제나 극을 향하도록 한다.

길버트는 실험에 총 2,500파운드를 사용한 것으로 전해진다. 지금의 시세로 전환하면 약 7억 4천만 원에 달하는 돈이다.

메스머의 마법 유체

18세기가 끝나갈 무렵, 과학자들은 전기와 자기를 한층 더 깊이 이해하고 있었다. 하지만 여전히 많은 과학자가 당시 마법처럼 여겨졌던 전기와 자기를 일종의 신비주의와 연결했는데 이 과정에서 독일 의사 메스머(Franz Mesmer)의 이론이 무르익었다.

의사 메스머는 1770년대에 철분을 포함한 물을 환자에게 마시게 하는 방법으로 병을 치료하려 했으며 자석을 사용해 몸 안에서 흐르는 액체를 제어하려 했다. 이러한 시도는 이후 더 극단적인 동물 자기 이론을 적용한 형태로 바뀌었다.

메스머는 사람의 몸속에 자기 유체가 존재하며 사람마다 지니는 고유의 자기력 때문에 다른 사람의 몸에 있는 유체를 원하는 대로 제어할 수 있다고 주장했다. 동물 자기를 조작하여 병을 치료할 수 있다고 믿는 사람도 있었고 이 행위를 메스머리즘(Mesmerism)이라고 칭했다. 메스머리즘 치료를 받은 환자는 몸 안에서 열기를 느끼거나 정신을 잃었다 깨어났다고 전해진다.

메스머와 추종자들이 환자를 최면과 유사한 상태에 빠지도록 유도한 것으로 짐작된다. 환자들에게는 유감이지만 자기는 병과 아무 상관이 없었으며 치료에도 도움이 되지 못했다.

▲ 독일 의사 메스머는 동물 자기의 개념을 고안했다.

메스머의 주장을 확인하기 위해 프랑스 왕립 위원회가 나섰는데 이 중에는 자신이 발명하지도 않은 사형 기구에 이름을 올린 기요탱(Joseph-Ignace Guillotin)도 있었다. 위원회는 메스머리즘을 상상력의 산물이라 판단했으나 이러한 발표가 당시의 관행을 멈추지는 못했다.

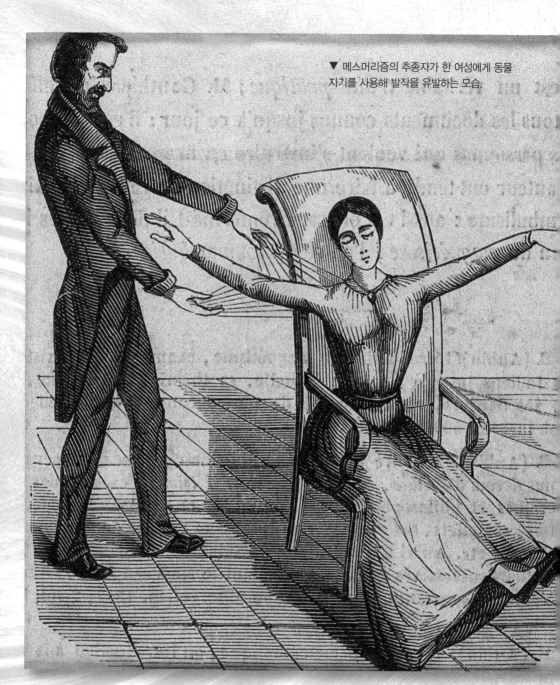

▼ 메스머리즘의 추종자가 한 여성에게 동물 자기를 사용해 발작을 유발하는 모습.

맥스웰의 은망치

$$\nabla \times E = -\frac{\partial}{\partial t}B$$
$$\nabla \times H = -\frac{\partial}{\partial t}D + J$$
$$\nabla \cdot D = \rho$$
$$\nabla \cdot B = 0$$

빅토리아 시대에 '자연 철학자'라는 용어를 대체하기 위해 여러 가지 후보가 나타났다. 'scientician', 'scientman', 'savant' 등 많은 단어가 탄생했으나, 마지막까지 살아남은 단어는 'scientist'였다.

▲ 맥스웰은 전기와 자기 사이의 관계를 자세하게 설명한 네 개의 법칙을 남겼다.

과학자를 지칭하는 새로운 단어를 고안하게 된 것은 실용적인 과학에 대한 철학자들의 혐오 때문이었을 것이다. 전문적으로 과학을 연구하는 이들이 점점 많아진 데에는 전기와 자기의 이해를 바꾸었던 패러데이 같은 인물의 영향이 컸다.

전기와 자기를 통합해 전자기로 만든 인물은 스코틀랜드의 물리학자 맥스웰(James Clerk Maxwell)이었다. 패러데이와 동료들은 전기가 어떻게 자기와 전자기를 만들 수 있는지 증명하는 데서 그쳤지만, 맥스웰은 전기와 자기를 긴밀히 통합한 이론을 만들었다.

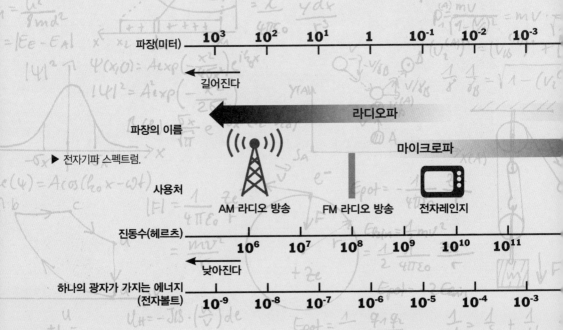

▶ 전자기파 스펙트럼.

맥스웰은 빛의 속도라면 스스로 유지되는 전자기의 파동을 만들어낼 수 있다는 사실을 예측했다. 또한 수학적 분석을 통해 빛이 전자기파의 형태로 진행할 수 있으며, 이러한 파동이 가시광선의 스펙트럼을 넘어선 다른 주파수 범위에도 존재한다는 사실을 증명했다.

라디오 수신

맥스웰이 획기적인 논문을 발표한 1864년으로부터 23년 뒤, 독일 물리학자 헤르츠(Heinrich Hertz)는 전자기 파동을 발생시키는 실험에 처음으로 성공한다. 한 쌍의 전선 사이에 전기 스파크를 일으키는 방식으로 파동을 생성했는데, 이 파동은 이후 '전파'라고 명명되었다. 비록 장비는 조악했으나, 발생시킨 파동은 방 건너편의 수신기에 큰 문제없이 도착해 스파크를 일으켰다. 맥스웰의 이론과 방정식은 빛의 성질을 이해하는 실마리가 되었다.

▲ 전자기 관련 연구를 발표할 당시, 맥스웰과 부인 캐서린의 사진.

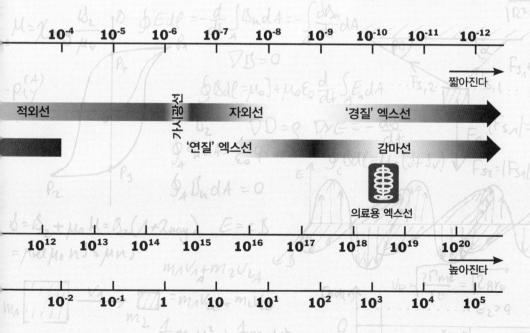

에테르의 최후

맥스웰은 빛을 전자기 파동으로 여기면서도 에테르의 존재가 필요하다고 믿었다. 에테르에 대한 역학적 모델에 근거한 이론을 고안했기 때문에 에테르의 개념을 차마 버릴 수 없었던 것이다. 하지만 맥스웰보다 대담했던 사람이 있었다.

에테르를 관에 넣고 못질까지 해버린 것은 역설적이게도 에테르의 존재를 검증하기 위한 실험이었다. 미국의 물리학자 마이컬슨(Albert Michelson)과 몰리(Edward Morley)는 지구의 움직임을 이용한 실험 하나를 설계했다. 1887년, 두 사람은 수은이 들어있는 수조에 거대한 석판을 띄워 6분에 한 바퀴씩 부드럽게 돌도록 하고, 석판 위에는 광선이 수직 방향으로 갈리면서 진행되도록 설계한 실험 장치를 설치했다. 이들은 지구가 에테르 사이로 움직이면서 발생하는 '에테르의 바람'이 빛줄기의 움직임을 바꿔놓을 것으로 예측했다. 석판이 회전하면서 바람의 방향과 빛의 진행 방향 사이의 관계가 변하면 빛의 속도가 바뀌고 간섭무늬가 달라져야 한다고 생각했던 것이다. 하지만, 간섭무늬는 달라지지 않았다.

데카르트는 빛을 에테르와 유사한 개념인 플리넘(plenum)에 작용하는 압력으로 묘사했다.

영의 이중 슬릿 실험에서는 빛이 에테르의 존재를 필요로 하는 것처럼 보였다.

1630   **1679**   **1801**   **1817**

하위헌스는 빛이 파동이며 에테르를 매질로 삼는다고 생각했다.

프레넬(Fresnel)은 천문 현상의 다양성 부재를 설명하기 위해 지구가 에테르를 끌어당긴다고 주장했다.

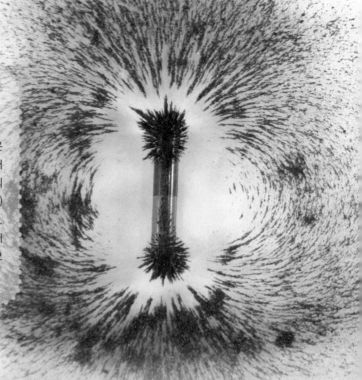

장, 에테르를 누르다

· · · · · · · · · ·

맥스웰보다 더 진취적인 물리학자들은
패러데이의 전기장과 자기장에 관한 개
념을 받아들였다. 패러데이는 마치 지도의
등고선처럼 세기가 변화하는 어떤 장(場)
이 우주 전체에 펼쳐져 있다고 생각했다.
이들은 빛이 장을 이루는 파동 그 자체
이기 때문에 빛의 매질인 에테르가 필요
없다고 주장했다.

▲ 패러데이는 전기장과 자기장의 개념을 발전
시켰으며 자석이 쇳가루를 정렬하는 실험을 시
연하여 증명했다.

맥스웰은 빛이 전자기 파동
이라고 주장했으나 에테르의
존재를 부정하지는 못했다.

아인슈타인의 특수상대성
이론 덕분에 에테르를 포함한
여러 잘못된 통념에 의존하지
않을 수 있었다.

| 1864 | 1887 | 1905 |

마이컬슨-몰리 실험

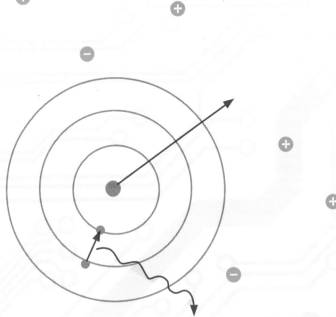

CHAPTER 2
원자 속으로

▶ 그래핀(graphite)의 얇은 탄소층은
아래의 원자 구조를 그대로 투영한다.

돌턴의 원자

레우키포스와 데모크리토스가 더 이상 쪼갤 수 없는 원자의 개념을 창안했지만, 당시 과학적인 증거는 없는 일방적인 주장에 불과했다. 하지만 1800년경 영국의 화학자 돌턴은 우리가 관측할 수 있는 세계 대부분을 설명할 수 있고 서로 다른 화학 물질이 결합을 이루어 새로운 물질을 형성하는 원리를 밝히는 새로운 이론을 창조했다.

돌턴(John Dalton)은 원자에 대한 고대 그리스인의 생각을 다시 도입했다. 하지만 돌턴의 원자설은 원자론에 원소의 개념을 합친 것으로서, 물질마다 서로 다른 종류의 원자를 가지는 게 아니라 소수의 원자가 모여 여러 물질을

▲ 60대의 돌턴을 표현한 판화.

이룬다고 생각했다. 엠페도클레스는 네 개의 원소만 존재한다고 생각했지만, 돌턴은 수소, 탄소, 산소를 포함하여 물질을 구성하는 수많은 원소를 찾아냈다. 이러한 원소의 원자는 더 복잡한 물질을 이루기 위해 단순한 비율로 결합했는데 예를 들면 두 개의 수소 원자와 한 개의 산소 원자와 결합하여 물이 되는 식이었다.

돌턴 역시 원자가 정확히 무엇인지 밝혀내지 못했지만, 가장 가벼운 수소 원자를 1의 무게로 두고 많은 원자의 상대 질량을 알아냈다. 돌턴의 후계자들도 원자가 실재하지 않으며 설명을 수월하게 돕기 위한 모형에 불과할 수 있다는 의심을 품었다.

▲ 영국 맨체스터 시청사에 위치한 브라운(Ford Madox Brown)의 벽화 속 돌턴.

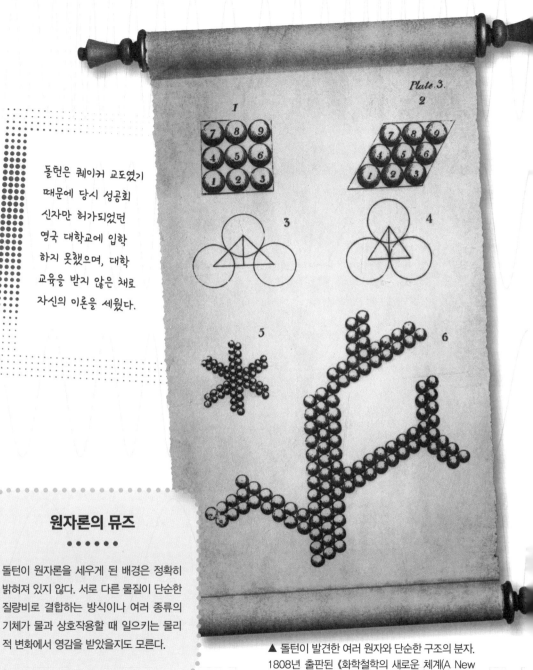

돌턴은 퀘이커 교도였기 때문에 당시 성공회 신자만 허가되었던 영국 대학교에 입학하지 못했으며, 대학 교육을 받지 않은 채로 자신의 이론을 세웠다.

원자론의 뮤즈

● ● ● ● ● ●

돌턴이 원자론을 세우게 된 배경은 정확히 밝혀져 있지 않다. 서로 다른 물질이 단순한 질량비로 결합하는 방식이나 여러 종류의 기체가 물과 상호작용할 때 일으키는 물리적 변화에서 영감을 받았을지도 모른다.

▲ 돌턴이 발견한 여러 원자와 단순한 구조의 분자. 1808년 출판된 《화학철학의 새로운 체계(A New System of Chemical Philosophy)》에서 발췌.

전자

돌턴은 고대 그리스인처럼 원자가 더 이상 쪼개지지 않는다고 확신했지만, 원자보다 훨씬 가벼워 보이는 물질이 발견되었다. 상당수의 과학자가 물질이 원자로 이루어져 있듯, 전하도 전기와 관련된 어떤 물질을 포함하고 있을 것이라고 주장했으며 1894년 아일랜드의 물리학자 스토니(George Stoney)가 전하의 원자에 해당하는 물질에 '전자'라는 이름을 붙였다.

한편, 이와 비슷한 시기에 진공에 가까운 유리관 내부의 전하를 띤 판에서 방출하는 음극선을 연구하는 다른 물리학자들도 있었다. 영국의 물리학자 크룩스(William Crookes)는 음극선이 음전하를 띤 물질로 이루어져 있는 것처럼 보인다는 사실을 발견했다.

결정적인 돌파구가 1897년에 열렸다. 영국의 물리학자 톰슨(Joseph John Thomson)은 음극선이 보이지 않는 수많은 입자의 흐름으로 이루어져 있다고 주장했으며 이 입자들은 모두 같은 질량과 전하를 가진다고 생각했다. 입자는 아주 작으며, 수소 원자의 1000분의 1에 가까운 질량을 가지는 것처럼 보였다. 이 기이한 아원자의 정체를 정확히 밝힐 수는 없었지만, 전하의 운반책이라는 사실은 빠르게 알려지게 된다.

▲ 톰슨은 1884년 케임브리지 대학교의 캐번디시 연구소 교수가 되었다.

◀ 전형적인 음극선 실험에서 음극선은 관 끝쪽의 유리를 비추면서 초록빛을 내는데, 금속 십자가가 있는 부분은 통과하지 못한다.

'크룩스관'과 자석의 영향을 받아 휘어지는 음극선은 LCD, LED, 플라즈마 스크린으로 대체되기까지 초기 텔레비전과 컴퓨터 모니터에 사용되었다.

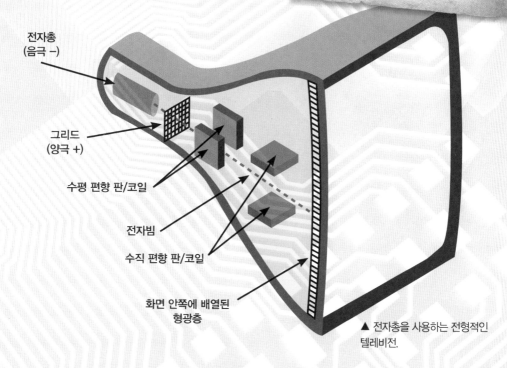

전자총
(음극 −)

그리드
(양극 +)

수평 편향 판/코일

전자빔

수직 편향 판/코일

화면 안쪽에 배열된
형광층

▲ 전자총을 사용하는 전형적인 텔레비전.

41

브라운 운동

놀랍게도, 1905년까지만 해도 많은 과학자가 원자의 존재를 믿지 않았다. 이들은 원자론을 부정하지는 않았지만 단순히 원소가 상호작용하는 과정을 반영한 것이라고 생각했으며 우리가 원자라고 부르는 물리적 실체의 필요성을 느끼지 못했다.

아인슈타인은 1905년에 뛰어난 논문을 연이어 써냈으며 그중 하나로 1921년 노벨 물리학상을 받았다. 놀랍게도 그는 1908년까지 학문과 전혀 관련 없는 직업을 가지고 있었다.

원자가 존재한다는 사실을 세상에 알렸던 사람은 명망 있는 학자가 아니라 스위스 특허 사무소 직원인 아인슈타인이었다. 아인슈타인은 용해된 설탕 분자의 움직임에 관해 박사 학위 논문을 썼는데 연구 결과는 실제로 작은 입자들이 존재한다는 생각에 힘을 실어주는 것처럼 보였다. 박사 학위 논문을 제출하기 전 브라운 운동(Brownian motion)에 대해 작성한 다른 논문 역시 원자의 존재와 관련이 있었다.

브라운 운동은 작은 입자, 예컨대 물 위에 떨어진 꽃가루가 움직이는 방식을 설명한다. 아인슈타인은 이러한 움직임이 물 분자가 꽃가루와 충돌해서 생긴다는 사실을 입증했다.

◀ 아인슈타인의 사진을 보면 대부분 머리가 하얗게 새어 있지만 전성기인 1905년에는 고작 26살에 불과했다.

모든 것은 숫자로 이루어졌다

· · · · · · · · · ·

아인슈타인은 브라운 운동과 물이 실제로 개별적인 작은 분자로 이루어져 있다는 주장과 관련이 있다는 사실을 보여주기 위해 수학을 새로이 접목했다. 원자에 대해 정확히 밝혀내지는 못했지만 아인슈타인의 업적은 원자론이 단지 쓸 만한 이론 이상의 가치가 있다는 강력한 증거로 받아들여졌다.

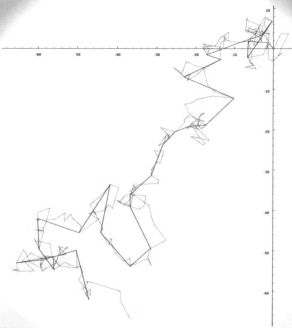

▶ 물 분자가 충돌을 반복한 결과를 나타낸 그래프. 브라운 운동은 눈에 보이는 입자가 불규칙적인 움직임을 반복하는 현상이다.

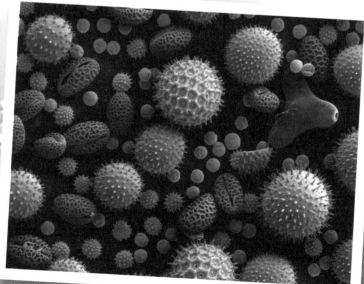

◀ 아인슈타인은 전자 현미경을 사용하여 꽃가루의 움직임을 살폈다.

건포도 푸딩

오늘날 크리스마스 푸딩으로 부르는 음식이 당시의 건포도 푸딩이다. 영어 표기는 'plum pudding'이지만 자두가 아니라 건포도로 만든다.

전자의 존재를 증명한 케임브리지의 물리학자 톰슨은 괴이하게 생긴 원자 모형 하나를 만들었는데, 당시 인기 있던 디저트에서 이름을 착안해 건포도 푸딩 모형이라고 불렀다.

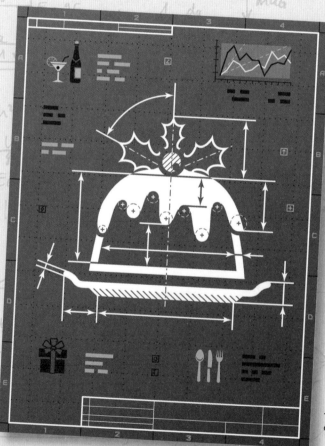

푸딩 모형에 따르면, 원자는 푸딩을 이루는 양전하의 '그물'과 여기저기에 박혀있는 '건포도'에 해당하는 전자로 이루어져 있다.

톰슨은 양전하의 그물은 질량이 없으며 건포도 전자가 원자 질량 전부를 차지한다고 생각했는데 이는 당시 양전하를 가지는 전자의 대응물을 발견하지 못했기 때문으로 추측된다.

톰슨은 1904년 《Philosophical Magazine》에서 "원소를 이루는 원자는 균일한 양전하의 구체에 둘러싸인 음전하를 띠는 다수의 미립자로 구성된다."라고 했다. 당시로부터 10년 전에도 전자라는

◀ 크리스마스 푸딩(건포도 푸딩) 안에 건포도가 흩어져있다.

▶ 톰슨의 모형에서는 (톰슨은 '미립자'라 부른) 음전자가 원자를 이루는 양전하 그물 여기저기에 흩어져있다.

건포도 숫자 세기

• • • • • • • • •

톰슨은 가장 가벼운 원자인 수소가 전자보다 최소 천 배 이상 무겁다는 사실을 이미 알고 있었기 때문에 수소 원자는 최소 천 개 이상의 전자를 가질 것으로 보았다. 전자와 수소의 상대 질량비를 측정한 결과를 알고 있었다면 1,837개의 전자를 가진다고 생각했을 것이다. 하지만 이는 현실과는 거리가 멀다. 수소 원자는 하나의 전자만을 가진다.

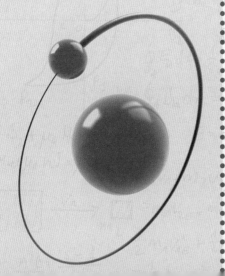

명칭이 있었지만, 톰슨은 자신이 발견한 것을 (뉴턴 시대부터 입자를 통칭해온) '미립자'로 부르길 원했다. 푸딩 안에서 전자가 정확히 어떻게 운동하는지는 분명하게 밝혀낼 수 없었다. 오늘날 톰슨의 원자 모형을 대부분 정적인 모형으로 묘사하지만, 당시 원자 모형을 표현했던 기록을 찾아보면 반지 모양으로 회전하는 모습으로 그려져 있다. 이러한 구조는 안정성을 유지하기 힘들다는 사실을 알고 있었는데도 말이다.

러더퍼드의 화장지

톰슨이 케임브리지 대학교에서 자신의 이론을 다듬고 있을 때, 맨체스터 대학교에서는 뉴질랜드의 물리학자 러더퍼드와 팀원들이 알파 입자의 움직임을 연구하는 실험을 진행하고 있었다. 알파 입자는 방사성 원소가 방출하는 양전하를 띤 입자로, 아주 무거워서 다른 원소의 원자에 충돌시켜 수소 원자핵을 찾아내는 실험에 제격이었다.

러더퍼드(Ernest Rutherford)는 가이거(Hans Geiger)와 마르스덴(Ernest Marsden)과 함께 얇은 금박에 알파선을 발사하는 실험을 진행 중이었다. 알파 입자의 궤적을 추적하기 위해 입자와 부딪히면 작은 섬광이 발생하는 스크린을 금박 주변에 설치했다. 관측자는 충돌이 일어나는 지점을 확인하기 위해 어둠 속에서 스크린을 응시해야 했다.

러더퍼드의 팀은 '건포도 푸딩' 속에 분산된 양전하와 상호작용 하면서 알파 입자의 방향이 조금씩 변할 것으로 예상했으며, 실제로도 비슷한 결과가 나왔다. 하지만 놀랍게도 일부 알파 입자는 금박에 튕겨 나갔다. 러더퍼드는 양전하를 띠며 상대적으로 무거운 편에 속하는 알파 입자를 튕겨내기 위해서는 금 원자가 반드시 하나로 작게 뭉친 양전하를 가져야 한다는 사실을 깨달았다.

튕겨 나간 포탄
• • • • •
러더퍼드는 알파 입자의 산란 현상은 마치 포탄이 화장지에 맞아 튕겨 나가는 것과 같다고 말했다.

▼ 러더퍼드(오른쪽)와 가이거(왼쪽)가 맨체스터 대학교 연구소에서 찍은 사진.

NEW PHYSICAL LABORATORY
THE OWENS COLLEGE
· MANCHESTER ·

▶ 건축가가 스케치한 맨체스터 대학교 연구소.

러더퍼드가 사용하던 맨체스터 대학교의 연구실은 최첨단 시설을 자랑했다. 1900년에 지었으며 그을음 입자를 거르기 위해 기름 수조를 이용한 환기 시설을 갖추고 있었다.

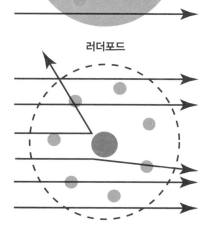

톰슨

러더포드

▶ 톰슨의 건포도 푸딩 모형이 옳다면, 원자의 양전하가 알파 입자를 튕겨낼 만큼 밀집되어 있지 않으므로 알파 입자는 원자를 뚫고 지나가야 한다. 하지만 실험에서는 일부 알파 입자가 튕겨 나왔다.

작은 태양계

러더퍼드가 밝혀낸 원자의 모습은 아주 아름다운 무언가를 암시하는 듯했다. 원자의 중심에는 양전하를 띤 무거운 핵이 자리 잡고 있으며 핵 주변에는 작은 전자가 궤도를 그리며 돌고 있었다. 마치 핵이 태양을, 전자는 행성의 역할을 하는 작은 태양계처럼 보였다.

아름다운 우주를 닮은 러더퍼드의 원자 모형은 아주 간단하고 인상적이었기 때문에 많은 사람이 원자 구조를 그의 모형대로 표현하게 되었다. 심지어 국제 원자력 기구와 같은 과학 관련 공식 단체도 러더퍼드의 모형을 사용한다. 불행히도, 당시 그 어떤 물리학자도 러

▲ 국제 연합 소속인 국제 원자력 기구(IAEA) 역시 부정확한 원자의 태양계 모형을 깃발로 사용한다.

◀ 원자가 태양계와 유사한 구조로 되어 있다는 주장은 그럴듯해 보인다.

더퍼드 모형을 진지하게 받아들일 수 없었다.

문제는 궤도를 도는 모든 물체가 속도 또는 방향을 바꾸는 가속 운동을 하며, 가속하는 전자는 빛의 형태로 에너지를 잃게 된다는 것이다. 따라서 태양계 원자 모형이 사실과 같다면 모든 원자는 전자가 에너지를 잃고 핵에 곤두박질침에 따라 붕괴할 것이다.

안정성 있는 모형을 만들기 위해 여러 종류의 원자 모형이 속출했다. 얼마 동안은 전자가 마치 작은 결정처럼 서로를 밀어내며 한 자리에 정지해 있는 것이 가능하다고 보았다. 이는 가속이 없다는 뜻이기도 하지만 운이 나쁘게도 원자의 역학적 분석과 관측한 전자의 수를

통해 원자가 정적인 구성으로 이루어져 있지 않다는 사실을 알 수 있었다. 심지어 에너지 방출이라는 문제를 제쳐 두더라도 궤도를 도는 전자가 안정성을 얻을 방법이 없는 것처럼 보였다. 이 수수께끼를 해결한 사람은 젊은 덴마크의 물리학자 보어(→78쪽)였다.

'핵'이라는 명칭은 러더퍼드가 생물학에서 가져온 것이다. 원래는 복합 세포의 중앙 '공장'을 의미하는 단어로 쓰였다.

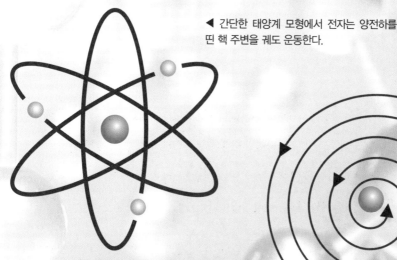

◀ 간단한 태양계 모형에서 전자는 양전하를 띤 핵 주변을 궤도 운동한다.

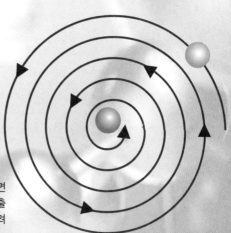

▶ 실제로 원자가 태양계 모형처럼 생겼다면 가속하는 전자가 빛의 형태로 에너지를 방출함에 따라 핵으로 소용돌이치며 떨어져 내려 붕괴할 것이다.

밝혀진 원소

원자의 태양계 모형은 양자물리가 탄생하면서 수정되었지만, 원자 구조의 새로운 통찰은 자연을 더 넓게 이해했다는 점에서 큰 가치가 있었다. 태양의 나이에 얽힌 불가사의를 푸는 데도 한몫을 했다.

원자를 하나의 태양계로, 행성이 태양을 중심으로 돌듯이 전자가 핵 주변을 돈다고 생각하면 화학 원소의 성질을 간단하게 설명할 수 있다. 러시아의 과학자 멘델레예프(Dmitri Mendeleev)는 주기율표를 만드는 과정에서 같은 족에 속하는 원소는 서로 비슷한 화학 성질을 가진다는 사실을 발견했다. 이후 원자 구조를 더 정확히 이해하게 되면서 과학자들은 최외각 전자의 수가 비슷한 원자끼리는 성질도 유사하다는 사실을 알아차렸다.

▼ 주기율표에서 세로 열에 있는 원소는 모두 비슷한 성질을 가지며 최외각 전자 수 역시 같다는 사실이 밝혀졌다.

H																	He
Li	Be											B	C	N	O	F	Ne
Na	Mg											Al	Si	P	S	Cl	Ar
K	Ca	Sc	Ti	V	Cr	Mn	Fe	Co	Ni	Cu	Zn	Ga	Ge	As	Se	Br	Kr
Rb	Sr	Y	Zr	Nb	Mo	Tc	Ru	Rh	Pd	Ag	Cd	In	Sn	Sb	Te	I	Xe
Cs	Ba		Hf	Ta	W	Re	Os	Ir	Pt	Au	Hg	Ti	Pb	Bi	Po	At	Rn
Fr	Ra		Rf	Db	Sg	Bh	Hs	Mt	Ds	Rg	Cn	Nh	Fl	Mc	Lv	Ts	Og

La	Ce	Pr	Nd	Pm	Sm	Eu	Gd	Tb	Dy	Ho	Er	Tm	Yb	Lu
Ac	Th	Pa	U	Np	Pu	Am	Cm	Bk	Cf	Es	Fm	Md	No	Lr

전자 궤도(➔ 54쪽)라는 새로운 개념이 등장하면서 다양한 화학 원소가 어떻게 변하는지 설명할 수 있었다. 더 자세히 살펴보면 궤도마다 가질 수 있는 전자 숫자에 한계가 있다.

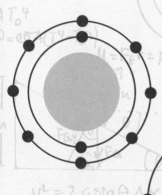

▲ 네온은 궤도에 8개의 전자가 모두 들어있기 때문에 반응이 잘 일어나지 않는다. 탄소는 네 개의 전자와 네 개의 틈이 있는 아주 유연한 원자로서, 유기체를 이루는 복잡한 구조를 형성할 수 있다.

(➔ 54쪽)

화학 세트

· · ·

화학적 성질이 최외각 전자의 수에 따라 달라진다고 가정하면 불활성기체처럼 최외각 궤도에 전자가 가득 들어있는 기체가 거의 반응하지 않는 이유를 설명할 수 있었다. 또한 생명유지에 필요한 복잡한 구조를 만드는 탄소의 능력은 절반 가까이 비어있는 유연한 최외각 궤도 덕분이라는 사실도 밝혀냈다.

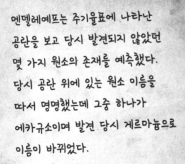

멘델레예프는 주기율표에 나타난 공란을 보고 당시 발견되지 않았던 몇 가지 원소의 존재를 예측했다. 당시 공란 위에 있는 원소 이름을 따서 명명했는데 그중 하나가 에카규소이며 발견 당시 게르마늄으로 이름이 바뀌었다.

▲ 원소 주기율표를 고안한 멘델레예프.

동위 원소의 신비

처음으로 원자의 상대 질량을 계산해낸 사람은 돌턴이다. 당시 알아낸 바로는 많은 원자가 단순한 비율로 결합했는데 이는 원자의 구성 요소의 구조 역시 간단하다는 사실을 암시했다. 돌턴의 측정에 의하면 질소가 수소보다 다섯 배 무거웠지만 실제로는 일곱 배 무거운 것처럼, 장비의 한계로 돌턴의 모든 측정값은 사실과 조금씩 달랐다.

1803년에 돌턴이 처음 작성한 원자 목록에 들어있던 원자는 다섯 개뿐이었다. 수소, 산소, 아조테(질소), 탄소, 황으로 시작한 목록은 5년 만에 20개로 늘어난다. 나중에 원자핵이 양의 전하를 띠는 '양성자'를 가지고 있고, 양성자가 원자 질량 대부분을 차지하고 있다는 사실이 알려지면서 원자 번호가 커짐에 따라 원자의 무게가 비교적 일정하게 증가하는 이유를 설명할 수 있었다. 하지만 어떤 원소는 이상한 분수비를 가지고 있었는데 특히 염소의 경우 원자량이 수소의 35.45배였다.

곧 또 다른 의문과 함께 답을 찾을 수 있었다. 러더퍼드와 함께 방사능을 연구했던 영국의 화학자 소디(Frederick Soddy)는 방사성 붕괴 과정에서 전부 주기율표에 포함시키기에는 너무 많은 수의 원소가 나타난다는 사실을 발견했다. 소디는 이들이 새로운 원소가 아니라 기존의 원소의 다른 형태이며 원자량과 나타

나는 방사 현상이 다를 뿐 화학적으로 같다고 주장했다. 소디의 친구였던 스코틀랜드의 의사(이자 익명의 소설가였던) 토드(Margaret Todd)가 이러한 변종 원소를 '같은 장소'를 의미하는 그리스어에서 따와 '동위 원소'라고 부를 것을 제안했다. 한 가지 원소가 여러 형태를 가진다는 사실은 밝혀냈지만, 원자량 차이가 나는 이유는 여전히 알 수 없었다.

평균 원자량

• • • •

동위 원소의 존재가 밝혀지면서 염소의 괴이한 원자량을 설명할 수 있었다. 염소는 여러 동위 원소가 있는데 대부분 원자량이 35나 37이다. 평균을 내보면 35.45가 된다.

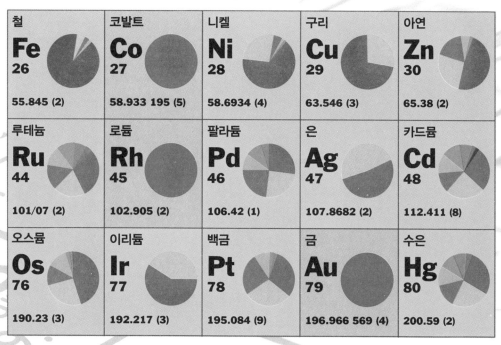

철 **Fe** 26 55.845 (2)	코발트 **Co** 27 58.933 195 (5)	니켈 **Ni** 28 58.6934 (4)	구리 **Cu** 29 63.546 (3)	아연 **Zn** 30 65.38 (2)
루테늄 **Ru** 44 101/07 (2)	로듐 **Rh** 45 102.905 (2)	팔라듐 **Pd** 46 106.42 (1)	은 **Ag** 47 107.8682 (2)	카드뮴 **Cd** 48 112.411 (8)
오스뮴 **Os** 76 190.23 (3)	이리듐 **Ir** 77 192.217 (3)	백금 **Pt** 78 195.084 (9)	금 **Au** 79 196.966 569 (4)	수은 **Hg** 80 200.59 (2)

▲ 원소와 동위 원소를 상대적으로 나타낸 표.

러더퍼드와 소디는 방사성 붕괴 관련 지식을 이용해 방사성 동위 원소의 상태를 파악하여 대상의 연대를 측정하는 방법을 개발했는데 보통 방사성 탄소 연대 측정법에서 사용한다.

◀ 1981년 스웨덴에서 발행된 우표. 소디는 1921년 '동위 원소의 성질과 기원을 조사한 공로'로 노벨 화학상을 받았다.

중성자 찾기

동위 원소의 존재를 밝혀내면서 원자량에 얽힌 의문은 어느 정도 해소됐지만 깔끔하게 정리되어 있던 주기율표에 큰 혼란이 생겼다.

양성자와 전자의 균형을 유지하기 위해서는 핵 내부의 양성자 수가 변할 수가 없는데, 어떻게 같은 원소이면서 다른 질량을 가질 수 있는 것일까?

답은 핵 속에 질량 일부를 차지하는 중성 입자가 존재한다는 것이었다. '중성자'의 존재는 1920년 러더퍼드에 의해 처음으로 이론화되었지만, 양성자와 전자에 관련지어 설명하려는

시도는 모두 실패로 돌아갔다. 1932년 영국의 물리학자 채드윅(James Chadwick)은 양성자와 비슷한 질량을 가진 중성자는 하나의 독립적인 입자이고 핵 속에서 발견할 수 있으며 동위 원소의 원자량이 다양한 이유를 설명하는 존재로 이해해야 한다고 주장했다.

채드윅은 독일과 프랑스에서 진행한 실험에서 관찰된 새로운 형태의 방사선에 영감을 받

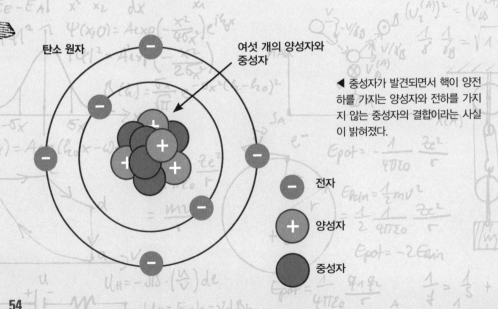

탄소 원자

여섯 개의 양성자와 중성자

◀ 중성자가 발견되면서 핵이 양전하를 가지는 양성자와 전하를 가지지 않는 중성자의 결합이라는 사실이 밝혀졌다.

− 전자

+ 양성자

중성자

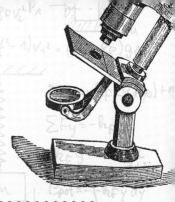

▲ 채드윅은 '중성자를 발견한 공로'로 1935년 노벨 물리학상을 받았다.

러더퍼드의 쌍

• • • • • •

러더퍼드는 중성자를 긴밀히 결합한 양성자-전자쌍으로 생각했는데 일부 방사성 붕괴에서 핵이 전자를 방출하는 경우가 더러 있었기 때문이다. 보통 이러한 전자를 '베타 입자'라고 한다.

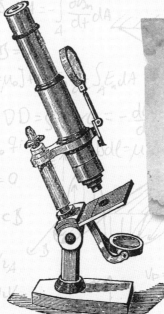

았다. 이후 고에너지 광자로 밝혀진 감마선처럼 새로운 방사선은 전하에 반응하지 않았다. 채드윅이 케임브리지 캐번디시 연구소에서 근무하면서 파라핀에 새로운 방사선을 쏘이자, 방사선을 맞은 파라핀에서 양성자가 튀어나왔다. 이는 방사선이 양성자와 비슷한 질량을 가진 중성 입자의 흐름으로 이루어져 있다는 사실을 시사했다.

채드윅은 리튬이나 붕소 같은 원소에 알파 입자를 쏘아 중성자를 얻었다.

원자 쪼개기

그리스인이 원자의 개념을 처음으로 고안했을 당시에는 원자를 나눈다는 생각은 상상도 할 수 없었다. 물질을 더 이상 쪼갤 수 없을 때 나타나는 것이 원자라고 생각했기 때문이다. 하지만 20세기 초, 러더퍼드와 소디는 물질에서 나오는 자연적인 에너지인 방사선이 일부 원자가 분열하는 과정이라는 사실을 증명했다.

'알파선'으로 처음 알려졌으나 나중에 '알파 입자'로 이름이 바뀐 방사선은 방사성 원소의 핵이 붕괴하면서 방출한 헬륨의 원자핵임이 밝혀졌다. 예를 들어 라듐의 경우 납을 형성하기 위해 붕괴할 때 일련의 과정을 거치게

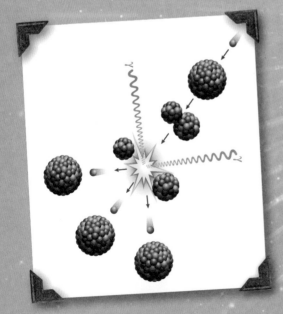

된다. 핵이 점점 더 쪼개짐에 따라 더 많은 원소를 만들어 내는 것을 붕괴 사슬이라고 한다.

중성자의 발견은 나중에 더 극적인 결과로 이어지게 된다. 오스트리아인 물리학자 마이트너(Lisa Meitner)와 함께 일하던 독일인 물리학자 오토 한(Otto Hahn)은 중성자가 '달라붙길 바라며' 중원소인 우라늄에 중성자를 쏘는 실험을 하고 있었다. 바라던 결과는 얻지 못했지만, 1938년 유대인이었던 마이트너가 나치를 피해 탈출하기 직전에 우라늄을 한 쌍의 더 가벼운 원소인 바륨과 크립톤으로 분리하는 실험에 성공했다. 이 과정은 나중에 핵분열이라는 이름으로 알려졌으며, 이듬해 마이트너는 핵분열을 이론적으로 증명한다.

◀ 중성자를 흡수하면 두 개의 가벼운 원자와 세 개의 자유 중성자로 분열하는 불안정한 우라늄 동위 원소를 생성한다.

DDR

1879　　　　　　1968　OTTO HAHN

$$^{235}_{92}U + ^{1}_{0}n \rightarrow ^{~~}_{56}Ba$$

$$+ ^{~~}_{36}Kr + einige\ n$$

5

1979

▲ 한은 '중핵분열을
발견한 공로'로 1944년
노벨 화학상을 받았다.

▶ 마이트너는 노벨상 후보로 한과
공동 지명을 받았으나 수상하지는
못했다. 이에 대해 노벨 재단은 어
떠한 이유도 제시하지 않았다.

◀ 핵분열 발견에
사용했던 위의 장
치는 한과 그의 조
수였던 슈트라스만
(Fritz Strassmann)
이 만들었다.

연쇄 반응

핵분열은 그 자체로도 인상 깊었지만, 분열 반응의 잔해에도 중요한 사실이 숨어 있었다. 당시로부터 몇 년 전, 헝가리의 물리학자 실라르드는 원자가 쪼개질 때 방출하는 에너지에 대해 '매우 조악한 에너지'이며 이러한 에너지가 쓸모 있다고 생각하는 사람은 모두 '몽상가'라는 러더퍼드의 발언을 곰곰이 생각하고 있었다.

실라르드(Leo Szilard)는 나중에 다음과 같이 밝혔다. "갑자기 이런 생각이 들었다. 만약 우리가 중성자로 쪼갤 수 있는 원소를 찾는다면, 그리고 그 원소가 중성자를 흡수하고 두 개의 중성자를 방출한다면… 핵 연쇄 반응을 유지할 수 있지 않을까?" 비록 핵분열 실험이 성공한 것은 나중의 일이지만 실라르드는 핵분열을 사용하는 길을 제시했다.

만약 우라늄이 붕괴하면서 방출한 중성자가 다른 우라늄 원자에 부딪혀 또다시 분열을 일으킨다면, 러더퍼드가 말한 '조악한 에너지'를 엄청난 수준으로 끌어올릴 수 있었다.

한과 마이트너는 핵분열을 통제하면 적은 양의 연료로도 강력한 에너지를 꾸준하게 만들어 낼 수 있다는 사실을 곧 깨달았다. 또한 마음껏 분열하도록 내버려둔다면, 대단히 파괴력 높은 폭탄을 만드는 용도로도 사용할 수 있었다.

▲ 실라르드는 아인슈타인과 함께 미국 대통령 루스벨트(Franklin Roosevelt)에게 히틀러보다 먼저 핵폭탄을 개발할 것을 권하는 편지를 썼다.

신호를 기다리던 순간

● ● ● ● ● ● ● ● ●

실라르드는 런던의 러셀 광장에서 신호를 기다리던 중 핵분열에 대한 생각이 갑자기 뇌리를 스쳐 지나갔다고 회상했다.

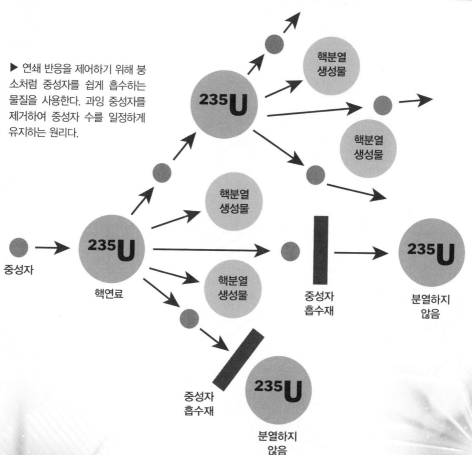

▶ 연쇄 반응을 제어하기 위해 붕소처럼 중성자를 쉽게 흡수하는 물질을 사용한다. 과잉 중성자를 제거하여 중성자 수를 일정하게 유지하는 원리다.

중성자

핵연료

235U

핵분열 생성물

핵분열 생성물

235U

핵분열 생성물

핵분열 생성물

중성자 흡수재

235U

분열하지 않음

중성자 흡수재

235U

분열하지 않음

러더퍼드에게 인상을 남기고 싶었던 실라르드는 중성자 대신 러더퍼드의 알파 입자로 핵분열을 할 수 있다고 설명했으나 러더퍼드는 불가능 하다는 것을 알고 있었기 때문에 무시했다. 그뿐만 아니라 러더퍼드는 실라르드가 핵에너지에 관한 자신의 생각을 특허로 출원했다는 소식에 화가 나 있었다.

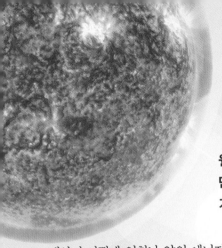

젊은 태양

원자핵의 분열을 이용하면 무시무시한 잠재력을 가진 동력원을 만들 수 있었지만, 태양에도 핵분열에 필적하는 동력원의 원리가 숨어있었다.

태양이 어떻게 엄청난 양의 에너지를 끊임없이 쏟아낼 수 있는지에 대한 추측은 몇 세기에 걸쳐 이어졌다. 종이 진화하기 위해서는 오랜 시간이 필요하다고 주장했던 다윈의 진화론과 지질학적 증거는 지구가 수십억 년 동안 존재했다는 사실을 증언하고 있었다. 태양 없는 지구는 존재의 의미가 없으니 태양은 지구보다 오래되었을 것이다.

태양은 마치 하늘에서 타오르는 불꽃처럼 보인다. 대체 무엇이 타고 있는 걸까? 19세기를 이끌었던 물리학자 켈빈 경 (1st Baron Kelvin, 본명은 William Thomson)은 태양이 발산하는 열기는 자전거 펌프가 공기를 압축하면서 뜨거워지는 것처럼 중력에 의해 많은 수의 원자가 한 군데로 압축하는 과정의 결과라고 주장했다. 하지만 이들의 말이 옳다면 태양은 3천만 년 이상 존재할 수 없었다.

켈빈의 이름은 과학에서 온도를 측정하는 단위로 영원히 남게 되었다. 켈빈 단위는 절대 영도를 기준으로 하며 1켈빈은 섭씨 1도와 같다.

1650

어셔(James Ussher)는 지구의 나이를 6천 년으로 계산했다.

1779

뷔퐁 백작(Comte de Buffon)은 지구가 식는 속도를 이용해 지구의 나이를 추정했다.

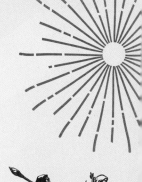

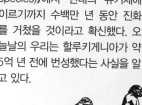

◀ 다윈은 《종의 기원(Origin of species)》에서 현대의 유기체에 이르기까지 수백만 년 동안 진화를 거쳤을 것이라고 확신했다. 오늘날의 우리는 할루키게니아가 약 5억 년 전에 번성했다는 사실을 알고 있다.

화석 연료로 만든 태양

· · · · · · · · ·

켈빈은 석탄을 태양과 같은 크기와 모양으로 쌓고 불을 붙이면 얼마나 오래 타오를지 계산해본 적이 있다. 당시 석탄은 가장 효율적인 연료로 알려져 있었지만, 2만 년이면 다 타버린다는 결과가 나왔다. 지구 나이에 비하면 너무나도 짧은 시간이다.

◀ 자전거 펌프는 공기를 압축하는 과정에서 발생하는 열 때문에 점점 뜨거워진다.

1854

켈빈 경은 중력 수축을 기준으로 계산하여 태양의 나이가 2천만 년에서 1억 년 사이라는 결과를 얻었다.

1895

페리(John Perry)는 지구 내부에 일어나는 대류 현상을 알아차리고 이를 근거로 태양의 나이가 10억 년에 가깝다고 생각했다.

현재

지구의 나이는 방사성 붕괴를 통해 45억 년으로 측정되었다.

환상적인 핵융합

▲ 별의 핵융합은 철과 같은 원소를 생성하지만, 더 무거운 원소는 '초신성'이라고 부르는 어마어마한 항성 폭발의 결과물이다.

태양이 장수할 수 있었던 비결은 핵융합이라는 사실이 밝혀졌다. 하나의 원자핵이 분열하는 현상인 핵분열과는 반대다.

그러나 한과 마이트너가 바랐던 대로(➔ 56쪽) 두 개의 원자핵을 합쳐 더 무거운 원자를 만드는 것 역시 가능하다. 이를 위해서는 고온 고압의 환경이 필요한데 원자핵은 양전하를 가지며 서로를 밀어내기 때문이다. 하지만 핵을 서로 충분히 가까운 거리로 밀어붙일 수만 있다면, 단순히 융합만 일어나는 게 아니라 넓은 범위에 엄청난 영향력을 미치는 힘이 발생한다.

핵 내에 작용하는 힘 사이의 복잡한 상호작용 때문에 두 개의 원자핵이 융합하여 더 무거운 원자핵이 되는 과정에서 에너지를 방출하게 된다. 무거운 원자핵이 분열하면서 에너지를 방출하는 것과 마찬가지로 가벼운 원자핵, 가장 흔하게 볼 수 있는 수소 원자가 헬륨 원자를 형성하는 핵융합 과정에서도 에너지를 방출한다. 핵융합이라는 동력원을 이해함으로써 태양이 수십억 년 동안 타오를 수 있었던 원리를 깨닫게 되었다.

1930년대에 처음 발견된 핵융합은, 20세기 시작과 함께 등장한 새로운 개념인 양자물리에 힘입어, 기존의 물리학으로 설명할 수 없었던 부분을 규명하고 아주 작은 물질에 대한 우리의 이해를 바꿔놓았다.

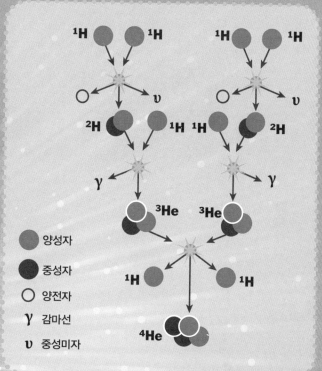

▲ 태양과 같은 항성의 경우 수소 핵(양성자)이 하나로 융합해 양성자와 중성자를 생성했다가 마지막으로 헬륨 핵을 형성한다.

◀ 영국 컬햄의 JET(Joint European Torus)와 같은 융합 반응로는 지구에서 핵융합이 일어날 수 있는 환경을 제공한다.

CHAPTER 3
위기를 넘어 새로운 시대로

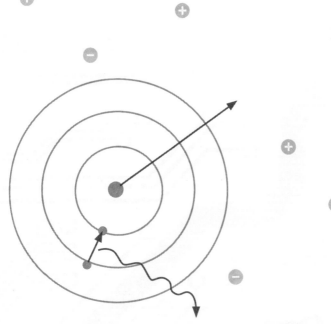

▶ 기존 물리학은 '자외선 파탄' 현상을 설명하지
못하는 한계에 부딪히고, 양자의 시대가 새로이
도래하게 되었다.

사소한 문제

2장에서는 물질의 본질이라는 퍼즐을 어떻게 끼워 맞추었는지 알아보았다. 사람들은 핵융합의 발견 훨씬 이전부터 '고전적인' 물리학으로 정확히 설명하기 힘든 점이 있다는 사실을 알아차리기 시작했다. 기존의 물리학은 원자나 전자 혹은 빛의 수준에 있는 모든 물질이 우리 주변의 물체나 파동과 같은 운동을 한다고 가정했다.

20세기 초, 특이한 문제 하나가 큰 혼란을 가져오게 된다. 뜨거운 물체가 빛을 내는 원리에 관한 것이었는데 실험 결과가 예상과는 정반대라서 '자외선 파탄'이라는 (다소 과장된 면이 있는) 이름을 붙였다.

예를 들어 철 조각은 열을 받으면 빛을 발

색	대략적인 온도		
	°F	°C	K
연한 빨간색	930	500	770
핏빛 빨간색	1075	580	855
어두운 체리색	1175	635	910
체리색	1275	690	965
밝은 체리색	1375	745	1020
선홍색	1450	790	1060
다홍색	1550	845	1115
어두운 주황색	1630	890	1160
주황색	1725	940	1215
노란색	1830	1000	1270
밝은 노란색	1975	1080	1355
흰색	2200	1205	1480

▲ 가열한 금속이 발하는 색은 온도를 판단하는 좋은 기준이 된다.

▼ 열을 받은 금속은 뜨거워지면서 고주파수의 빛을 뿜어낸다.

한다. 처음에는 붉은색으로 시작해 스펙트럼의 색이 늘어나면서 노란색을 거쳐 하얀색을 띤다. 고전 물리학에서는 광파의 주파수가 커지면 더 많은 에너지가 방출된다고 보기 때문에 어떤 물체든 가시광선보다 높은 주파수를 가진 빛(광 스펙트럼의 자외선 부분)을 받으면 실온에서도 눈부시게 빛날 거라 여겼다. 하지만 실제로는 이런 일이 일어

전자기 복사선을 완벽하게 흡수, 방출하는 물체를 물리학에서 '흑체'라고 하며 이름과는 다르게 실제로 밝게 빛나는 경우도 있다.

나지 않았기 때문에 기존 이론이 무언가를 놓치고 있다는 사실을 분명히 알 수 있었다.

피아노와 물리학

'자외선 파탄'을 해결했던 플랑크(Max Planck)는 1858년 독일 킬에서 태어나 학생 시절 과학과 음악 모두에 재능을 보였다. 전공 결정을 앞둔 1874년, 플랑크는 뮌헨 대학교의 물리학 교수 졸리(Phillip von Jolly)와 상담을 하게 되었는데, 당시 젊은 플랑크는 음악과 물리학 사이에서 갈등하고 있었다.

다소 놀랍게 들릴 수 있겠지만, 졸리는 플랑크에게 물리학은 곧 내리막길을 걷게 되겠지만 음악가는 언제나 필요하니 음악을 선택하라고 충고했다. 졸리는 물리학은 자외선 파탄과 같은 몇 가지 사소한 문제를 제외하면 거의 모든 분야의 연구가 끝났기 때문에 할 수 있는 새로운 연구가 없다고 생각했다.

졸리에게는 실망스러운 소식이었겠지만, 플랑크는 자신만의 연구가 아니더라도 물리학의 세부적인 내용을 다듬는 것만으로 충분히 행복할 거라 생각하여 물리학을 택했다. 하지만 예상과는 다르게 플랑크는 아주 작은 세계의 물리학을 완전히 뒤집어놓을 발견을 하게 된다.

◀ 플랑크는 음악 대신 물리학을 선택했지만, 훌륭한 피아니스트이기도 했다.

플랑크는 자식들을 먼저 떠나보냈다. 장남은 /차 세계대전에서 희생되었으며 딸들은 모두 출산 도중 사망했다. 막내아들도 히틀러에 반하려는 음모를 꾸미다 게슈타포에게 처형당했다.

▲ 1994년 독일에서 발행한 우표. 플랑크의 양자물리 창시를 표현했다.

▼ 졸리의 만류에도 불구하고, 플랑크는 뮌헨 대학교에서 물리학 연구를 시작하기로 마음먹는다.

플랑크의 알갱이

1900년, 플랑크는 갑자기 자외선 파탄을 해결할 영감이 떠올랐다. 당시의 이론은 물체의 온도가 높아지면 고에너지의 전자기파를 대량으로 쏟아낼 것이라는 잘못된 예측을 하고 있었는데, 이는 빛이 어떤 크기의 에너지도 발산할 수 있는 평범한 파동이라는 가정에 근거를 두고 있었다. 하지만 플랑크는 빛을 덩어리, '양자'라는 이름의 빛의 작은 알갱이라고 가정하면 자외선 파탄을 해결할 수 있으며 실제 관측 결과와도 정확하게 들어맞는다는 사실을 알아차렸다.

파탄을 해결하기 위해서는 플랑크의 알갱이가 빛의 진동수에 따라 달라지는 특정한 양의 에너지를 가져야 했다. 이에 따라 새로운 상수가 필요해졌고 오늘날의 '플랑크 상수'를 정의하여 h로 나타내게 되었다. 빛 알갱이의 에너지는 진동수에 h를 곱한 값으로 간단히 나타낼 수 있다.

플랑크 상수는 빛의 색(파장이나 진동수)과 에너지 사이의 연관성을 설명하는 데 있어 매우 유용하다. 플랑크 상수는 6.626×10^{-34}인데 1을 1조로 두 번 나누고도 100억으로 한 번 더 나눠야 할 만큼 아주 작은 수다. 플랑크는 '에너지 양자를 발견하여 물리학 발전에 기여한 공로'로 1918년 노벨 물리학상을 받았다.

양자의 존재가 밝혀짐에 따라 자연을 바라보는 시각도 달라져야 했다. 모든 값을 연속적으로 가질 수 있는 게 아니라, 특히 빛은 고정된 크기의 덩어리로 이루어져 있는 것처럼 보였다. 이는 고정된 값만을 가지는 동전으로 37.2원을 만들 수 없는 것과 같았다.

▲ 플랑크는 42세에 자외선 파탄을 해결했으며 89세에 세상을 떠났다.

◀ 당시까지 자연이 가질 수 있는 값은 연속적이며 제한이 없는 것으로 알려져 있었다. 이는 경사로 위에 있는 공의 위치에 대응하는데 꼭대기와 바닥 사이 어디에도 존재할 수 있다.

절망으로부터의 몸부림

플랑크는 자외선 파탄에 대한 자신의 가설을 좋아하지 않았으며 "어떠한 대가를 치르더라도 이론적 해석을 내려야만 했기 때문에 세운 가설이며, 모든 연구 과정 하나하나는 절망에서 비롯된 필사적인 몸부림이었다."라는 글을 남겼다.

◀ 양자 세계에서, 자연의 모든 것은 고정된 값을 가지며 일정 값에서 또 다른 값으로 변한다. 이는 높은 계단 어딘가에 있는 공의 위치와 같다. 특정 높이만 차지할 수 있으며, 한 계단에서 다른 계단으로 뛰어다닌다.

광전 효과

플랑크가 빛을 양자로 나누었던 극적인 시기에, 또 다른 독일의 물리학자 레나르트는 광전 효과에서 이상한 점을 발견했다.

▲ 1965년 스웨덴에서 발행된 레나르트(왼쪽)와 바이어의 우표. 1905년에 레나르트는 노벨 물리학상을, 바이어는 노벨 화학상을 받았다.

광전 효과는 태양 전지에 사용되는 광기 전력 효과와 본질이 같다. 하지만 광전 효과에서는 전자가 물질 밖으로 밀리며 광기 전력 효과의 경우 물질 안에 머무른다.

광전 효과는 1880년대에 처음 관찰된 현상으로, 특정 금속에 빛을 쬐었을 때 전자가 튀어나오는 것처럼 보이는 현상이다. 진동수가 높은 자외선을 사용한 초기의 연구에 따르면 빛이 밝을수록 더 많은 양의 전자가 나타난다.

빛의 밝기와 튀어나오는 전자 수의 관계는 빛을 전자기 파동으로 여긴 맥스웰의 이론(➜ 33쪽)과 정확하게 들어맞았다. 맥스웰이 예측한 대로 색과 관계없이 빛이 밝을수록 강한 광전 효과가 일어났는데, 이는 빛이 파동이기 때문에 나타나는 자연스러운 결과였다. 하지만 레나르트(Philipp Lenard)는 빛의 색이 실험 결과에 지대한 영향을 미친다는 사실을 발견했다. 스펙트럼의 붉은색 끝, 즉 빛의 진동수가 너무 낮으면, 빛의 세기와 무관하게 광전 효과가 일어나지 않았다. 또 다시, 이론과 현실 사이에 괴리가 나타났다.

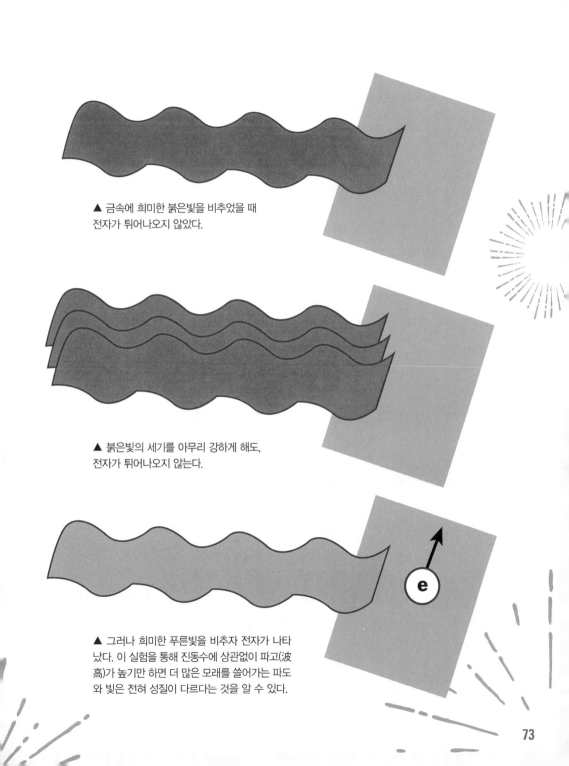

▲ 금속에 희미한 붉은빛을 비추었을 때 전자가 튀어나오지 않았다.

▲ 붉은빛의 세기를 아무리 강하게 해도, 전자가 튀어나오지 않는다.

▲ 그러나 희미한 푸른빛을 비추자 전자가 나타 났다. 이 실험을 통해 진동수에 상관없이 파고(波 高)가 높기만 하면 더 많은 모래를 쓸어가는 파도 와 빛은 전혀 성질이 다르다는 것을 알 수 있다.

아인슈타인의 과감한 제안

레나르트의 난제를 해결하고 양자물리에 혁명을 불러온 사람은 아인슈타인이었다.
1905년의 비범한 논문에서, 아인슈타인은 플랑크가 떠올린 가상의 알갱이를 현실로
만들었다.

플랑크 자신도 빛 알갱이 개념이 계산의 오류를 없애기 위한 일종의 눈속임이라는 사실을 알고 있었다. 아인슈타인은 빛이 파동이 아니라 알갱이, 즉 나중에 '광자'라는 이름이 붙게 된 입자로 이루어졌다는 파격적인 생각을 떠올렸다. 빛이 입자로 되어 있다면 레나르트가 발견한 문제를 해결할 수 있었다. 전자는 여러 값을 가지는 게 아니라 일정한 크기의 전기 덩어리로 이루어져 있다. 만약 연속적인 파동이 아닌 광자 알갱이가 금속에서 전자를 튀어나오게 했다면, 광전 효과는 광자가 충분한 에너지를 가지고 있을 때만 나타나게 된다. 플랑크의 업적은 빛의 에너지가 진동수, 즉 빛의 색과 직접적인 연관이 있다는 사실을 보여주었다.

▲ 아인슈타인은 1921년 '광전 효과의 법칙 발견 및 이론 물리학에 대한 기여'로 노벨 물리학상을 받았다.

아인슈타인의 실수
· · · · · · · ·

플랑크는 양자의 존재를 받아들여야 한다는 사실이 유쾌하지 않았다. 1913년, 플랑크가 아인슈타인을 왕립학회에 추천했을 때 빛이 양자로 되어 있다고 주장한 아인슈타인의 '실수'를 눈감아 달라고 부탁했다.

발머의 스펙트럼

빛이 연속적인 파동이 아니라 덩어리로 이루어져 있다는 생각은 자외선 파탄만 해결한 게 아니었다. 광양자설(light quantum theory)은 스위스의 수학자 발머(Johann Jakob Balmer)가 남긴 수수께끼를 풀어내는 실마리를 제공했다.

1860년대부터 여러 화학 원소가 열을 받으면 다양한 색의 빛을 발산한다는 사실이 알려져 있었는데 이 선을 '스펙트럼선'이라고 불렀다. 오늘날 일상에서 가장 익숙한 스펙트럼선은 가로등의 나트륨 증기가 발하는 밝은 황색 빛일 것이다.

1885년, 60대에 접어든 발머는 수소가 내뿜는 빛의 파장(혹은 진동수)에 어떤 규칙이 있다는 사실을 알아차렸다. 그는 실험 물리학자가 아니었으나, 수소가 다른 진동수의 빛을 방출한다는 것을 예측하는 공식을 만들어내는 데 간신히 성공했다. 수소의 스펙트럼에는 일정한 패턴이 있었는데, 아무도 이유를 설명할 수 없었다.

▲ 발머는 물리학으로 잠깐 일탈을 했으나 수학자로서 평생을 살았다.

이 문제는 젊은 덴마크 물리학자가 원자 구조에 대해 놀라운 생각을 해내고, 양자 이론이 한 걸음 발전하면서 풀리게 된다.

▶ 영국의 천문학자 로키어(Joseph Norman Lockyer)는 태양의 스펙트럼선을 이용해 처음으로 헬륨 원소를 발견했으며 태양을 의미하는 그리스어 헬리오스에서 따온 헬륨이라는 이름을 붙였다.

◀ 가로등의 나트륨 증기는 나트륨 원소 고유의 진동수에 의해 독특한 황색 빛을 발한다.

75

원자 모형을 수정한 보어

덴마크에서 영국으로 떠날 때, 보어는 26세에 불과했으나 덴마크 왕립 학술원에서 금메달을 수상하고 영국 왕립 학회의 《Philosophical Transaction》에 두 편의 논문을 기재한 경험이 있었다. 영국에 도착한 보어는 케임브리지 대학교에서 톰슨의 밑에 잠시 있다가 러더퍼드와 함께 연구하기 위해 맨체스터 대학교로 향했다. 맨체스터에서 보어는 원자의 구조에 대해 생각하기 시작했다.

러더퍼드는 무거운 양성자 핵이 원자 중심에 있으며 전자가 바깥에 퍼져있다고 주장했다. 하지만 전자는 어떤 방식으로 움직일까? 당시 우세했던 주장은 핵 주변을 도는 전자가 행성과 비슷한 운동(→48쪽)을 한다는 것이었다. 하지만 보어는 러더퍼드의 모형에 따르면 가속이 일어나고 전자가 궤도에서 나선 모양을 그리며 안쪽으로 빨려 들

▲ 보어는 영국으로 떠날 때 영어 공부를 위해 《피크윅 클럽의 유문록(Pickwick Papers)》과 덴마크어-영어 사전을 가져갔다.

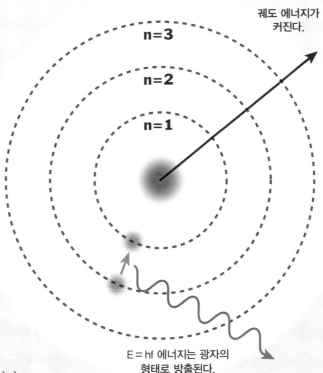

▶ 보어의 원자 모형에 따르면, 전자는 오직 고정된 궤도에서만 움직일 수 있으며 도약할 때 빛을 방출한다.

궤도 에너지가 커진다.

n=3

n=2

n=1

E = hf 에너지는 광자의 형태로 방출된다.

어가게 되리라는 사실을 깨달았다.

보어가 떠올린 생각은 전자가 원자 주변에서 일정한 궤도를 돌고 있으며 중심으로 떨어질 수 없는 상태라는 것이었다. 원자가 열을 받으면 전자는 다른 가능한 궤도로 도약할 수 있으며, 광자의 형태로 에너지를 방출하면서 다시 내려갈 수도 있다. 새로운 원자 모형을 수소에 적용해 본 결과, 발머의 공식에 완벽하게 맞아떨어졌다.

▶ 보어의 원자 이론 탄생 50주년을 기념하여 1963년 덴마크에서 발행한 우표.

77

양자 도약

보어의 원자 모형은 양자화된 궤도를 가지고 있었다. 전자는 아무 값이나 가질 수 없으며 정해진 궤도에만 머무른다. 한 궤도에서 다른 궤도로의 이동을 '양자 도약'이라고 부른다.

보어의 계산은 수소 원자에만 들어맞았다는 한계가 있지만, 실재를 이루는 작은 입자의 성질을 더 정확하게 이해할 수 있는 방향을 제시했다는 데에 의의가 있다. 그러나 감수해야 할 대가도 있었다. 양자 도약은 우리 주변 세계에서 볼 수 있는 현상과는 완전히 다르다. 전자는 지구 주변을 도는 우주선처럼 한 궤도에서 다른 궤도로 점진적으로 움직이지 않으며 연속적인 변화 없이 즉각 도약하는 운동을 한다.

양자물리의 한 가지 약점이 나타나기 시작했다. 새로운 양자 이론은 지금까지 설명할 수 없었던 궁금증을 해소해주었지만, 상상력의 도약을 필요로 했다.

2차 세계대전 동안, 핵 과학자들은 안전을 위해 피난 시에 가명을 사용하라는 지시를 받았다. 보어는 자신의 동료이자 엉클 닉으로 알려진 베이커(Nicholas Baker)의 신원을 사용했다. 보어가 보낸 편지를 받은 사람들은 특유의 악필 때문에 서명에 보어라고 쓴 것인지 엉클 닉이라고 쓴 것인지조차 알아볼 수 없었다.

작은 도약

• • •

일상에서 흔히 사용하는 '양자 도약'이라는 표현은 커다란 변화를 의미하지만, 물리학에서는 가장 작은 변화를 뜻한다.

▶ 우주선은 궤도를 변경할 때 기존의 궤도에서 새로운 궤도로 아주 서서히 이동한다.

입자와 파동

뉴턴이 미립자설(→ 21쪽)을 주장했던 것처럼, 아인슈타인과 보어는 빛이 입자(광자)로 되어 있다고 가정함으로써 물리 현상을 설명하는 방식에 거대한 도약을 일으켰다. 광전 효과와 수소 모형에 얽힌 의문을 성공적으로 풀어냈지만, 앞으로 해결해야 할 문제는 산더미처럼 쌓여있었다. 빛이 파동처럼 행동한다는 실험적 증거가 너무나 많았던 것이다. 게다가 맥스웰의 전자기 이론에서는 빛이 반드시 파동이어야만 했다.

파동과 입자, 둘 중 어떤 것을 선택했을까? 보어는 전자를 우리 주변의 어떠한 물체에서도 찾아볼 수 없는, 한 궤도에서 다른 궤도로 양자 도약을 하는 존재로 정의했다. 보어와 동료들은 전자를 일상 세계에서 다시 한 번 멀리 보낸 것이다. 이들은 빛이 파동과 입자의 성질을 동시에 갖추고 있지만, 한 현상에서 두 가지 성질을 동시에 드러내지 않는다고 주장했

다. 빛은 언제나 입자 혹은 파동처럼 행동하지만 절대로 동시에 입자와 파동의 성질을 모두 가질 수는 없다는 것이다. 빛이 파동으로 나타나는 실험을 진행한다면 빛은 파동처럼 행동하게 되며 입자의 경우도 마찬가지다. 이러한 원리는 '파동–입자 이중성'이라는 이름으로 알려지게 되었다.

　과학의 이해가 발전할 수 있도록 영향을 미

◀ 에딩턴은 일반 상대성 이론의 전문가로서 과학의 대중화에 크게 기여했다.

쳤던 위대한 한 걸음이었다. 과학은 역사적으로 자연의 본질, 즉 진리를 규정하는 절대적인 사실을 찾고자 노력해왔다. 하지만 현대 과학은 모형 개발을 1순위에 두고, 자연에서 나타나는 어떤 성질에 필적할 만한 결과를 이루어내는, 종종 수학적이기도 한 기능적 서술을 만드는 데에 집중한다. 한때는 빛을 파동으로, 때로는 입자라고 생각했다. 나중에는 파동설과 입자설 또한 빛바랜 모형으로 남을 것이다.

1928년, 영국의 물리학자 에딩턴(Arthur Eddington)은 빛의 이중성을 설명하면서 "입자와 파동의 성질을 모두 가지고 있으니 앞으로 '파립자(wavicle)'라고 부르는 게 좋겠다."라는 기록을 남겼다. 다행스러운 것은 옥스퍼드 영어 사전에는 등록되었지만 널리 쓰이지는 않았다.

이중 슬릿의 재발견

입자설에 가장 큰 시련을 안겨준 것은 영의 이중 슬릿 실험(→ 22쪽)이었다. 이중 슬릿에서 파동은 서로를 간섭하며 보강과 상쇄를 일으켜 밝고 어두운 줄무늬를 만들어 냈다.

빛이 입자처럼 행동한다면 일어날 수 없는 현상이지만, 놀랍게도 빛이 입자라도 위와 같은 줄무늬를 만들 수 있다는 사실을 실험으로 증명하게 된다. 기술이 발전하면서 이중 슬릿을 향해 광자를 하나씩 쏘아 보낼 수 있게 되었다. 광자가 스크린에 닿으면 작고 밝은 점을

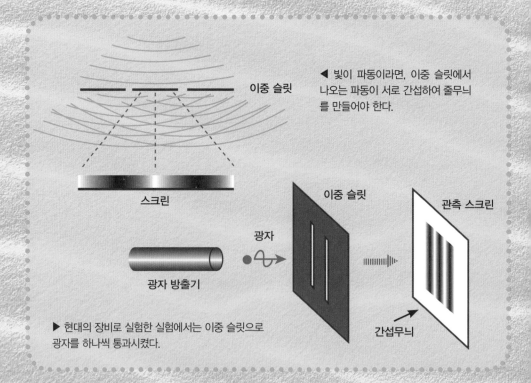

이중 슬릿

◀ 빛이 파동이라면, 이중 슬릿에서 나오는 파동이 서로 간섭하여 줄무늬를 만들어야 한다.

스크린

이중 슬릿

관측 스크린

광자

광자 방출기

간섭무늬

▶ 현대의 장비로 실험한 실험에서는 이중 슬릿으로 광자를 하나씩 통과시켰다.

하나 만들고 그 점이 계속 빛나게 함으로써, 스크린에 광자를 하나씩 쏘아 보내어 여러 개의 점을 중첩해서 쌓을 수 있었다. 실험 결과, 영이 수행했던 실험 결과와 똑같이 밝고 어두운 줄무늬가 점점이 찍혔지만, 어딘가 이상한 점이 있었다. 알 수 없는 이유로 양자 입자가 실험 기구를 통과하면서 파동과 같은 간섭 효과를 일으켰던 것이다.

탐지기를 사용해 광자가 어떤 슬릿을 통과했는지 알아보자는 제안이 있었지만, 1970년대까지 광자를 흡수하지 않는 탐지기가 없었기 때문에 시도할 수 없었다.

보았으나 사라진

설상가상으로, 탐지기를 사용해 어떤 슬릿으로 광자가 통과했는지 측정하려고 하면 간섭무늬가 나타나지 않았다.

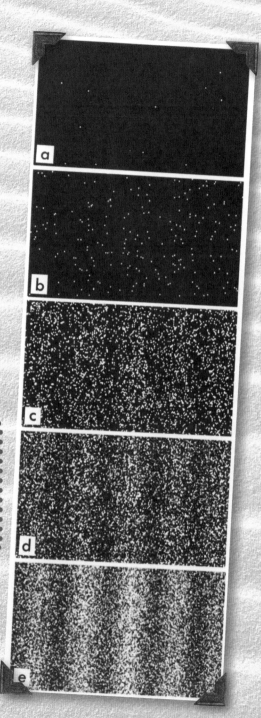

▶ 광자를 하나씩 쏘아 보낸 결과, 점이 하나씩 쌓여가면서 간섭무늬가 나타났다.

물질파

프랑스의 물리학자 드 브로이는 발상의 전환으로 파동–입자 이중성 문제를 풀어냈다. 파동으로 생각했던 빛이 입자의 흐름처럼 움직인다면, 전자와 같은 입자 역시 파동의 성질을 가질지 모른다고 생각한 것이다.

드 브로이(Louis Victor Pierre Raymond de Broglie)는 1924년에 위와 같은 주장을 펼쳤고 3년 뒤 미국의 과학자 데이비슨(Clinton Davisson)과 저머(Lester Germer)가 파동이 장애물에 충돌할 때마다 뒤로 돌아가는 성질을 이용해 드 브로이의 이론을 증명했다. 우리가 건물 모퉁이를 돌기 전에 보이지는 않지만 누군가 걸어오고 있다는 사실을 소리로 미리 알 수 있는 이유이기도 하다. 입자 빔을 장애물에 발사한다고 가정하면 다양한 각도로 튕겨 나가는데 파동이라면 장애물을 휘감아 빠져나갈 것이다. 실험에서

▲ 드 브로이는 광자의 개념을 뒤집어서 입자처럼 행동하는 파동을 떠올렸으며 1929년 노벨 물리학상을 받았다.

▶ 전자 회절 장치와 함께 찍은 미국의 물리학자 데이비슨(왼쪽)과 저머의 사진.

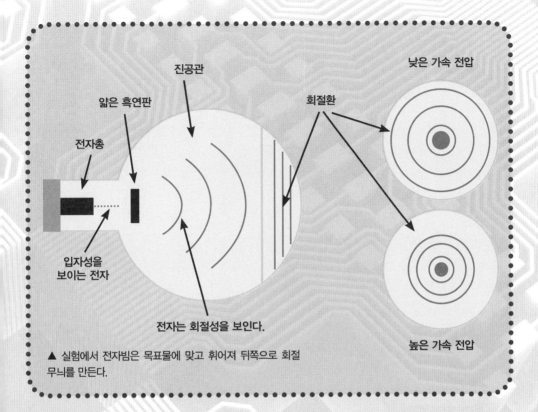

입자성을 보이는 전자 · 전자총 · 얇은 흑연판 · 진공관 · 회절환 · 낮은 가속 전압

전자는 회절성을 보인다. · 높은 가속 전압

▲ 실험에서 전자빔은 목표물에 맞고 휘어져 뒤쪽으로 회절 무늬를 만든다.

데이비슨과 저머는 전자로 이루어진 흐름의 경로가 결정 장애물에 의해 마치 파동처럼 휘어진다는 사실을 알아차렸다. 이후의 실험에서는 다시 영의 슬릿을 꺼내게 되는데 이번에는 광자가 아니라 전자를 사용했으며, 전자는 또 다시 파동처럼 움직였다.

드 브로이가 구상한 개념은 양자물리가 오래된 가정들을 무너뜨리기 시작했다는 것을 여실히 보여준다. 전자는 물질의 구성 요소지만 광자는 실체가 없는 빛이었다. 하지만 전자와 광자는 상황에 따라 입자 혹은 파동처럼 행동했다. 양자 세계가 출현하면서 오랫동안 건재했던 개념 사이의 구분이 흐릿해지고 있었다.

루이스는 일곱 번째 드 브로이 공작이었으며 현재 필리프 모리스가 아홉 번째 공작 작위를 승계 받은 상태다. 이탈리아 출신의 드 브로이 가는 과거에는 브롤리아라고 불렸으며 1640년대에 프랑스로 이주했다.

원자의 파동

전자가 파동처럼 움직일 수 있다는 생각은 보어의 원자 모형에 정확하게 들어맞았다. 원자 모형에 따르면 전자는 트랙을 뛰는 육상 선수처럼 핵 주변에서 오직 하나의 궤도만을 차지할 수 있으며 광자의 형태로 에너지를 얻거나 잃으면 다른 궤도로 도약한다. 하지만 전자에 허용되는 궤도와 그렇지 않은 궤도를 구분하는 기준은 무엇일까?

만약 전자가 파동처럼 움직인다면, 궤도 주변을 도는 전자의 파동을 생각해 볼 수 있다. 거의 모든 궤도의 길이는 파장의 정수배가 아닐 것이다. 따라서 전자는 한 바퀴 돌고 가상의 출발점으로 돌아올 수 없다. 하지만 원주가 파장의 정수배가 되면, 궤도에 정확히 들어맞는다. 마치 파동–입자 이중성이 원자의 구조와 강한 연관성을 가지고 있는 것처럼 보인다.

이렇듯 원자 주변에서 전자가 가지는 파장의 패턴을 '오비탈(orbital)'이라고 부른다.

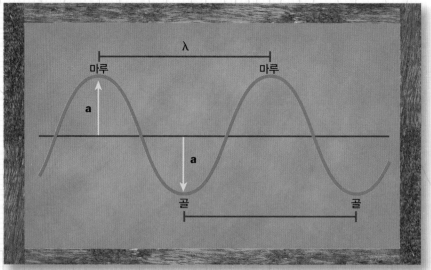

◀ 파장(λ)은 파동에서 마루와 마루, 혹은 골과 골 사이의 거리를 의미한다. 거리 'a'는 파동의 크기이며 진폭이라고 부른다.

◀ 전자를 파동이라고 간주한다면 전자 파동의 파장은 궤도 둘레의 정수배와 같아야 한다. 그렇지 않다면 궤도가 존재할 수가 없다.

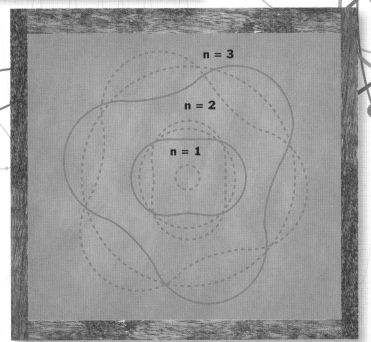

n = 3

n = 2

n = 1

▶ 보어는 전자가 도약해서 건너다닐 수 있는 특정 오비탈 내에만 존재한다는 사실을 보여주었다. 궤도는 파장의 정수배 둘레를 가져야만 존재할 수 있다.

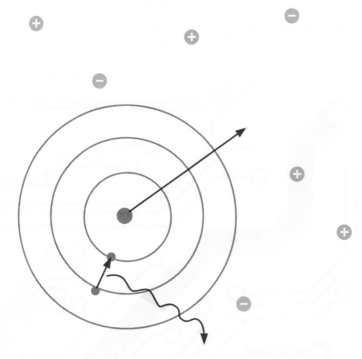

CHAPTER 4
양자 현실

▶ 레이저 디스플레이.

행렬 역학

보어는 양자의 개념을 이용해 수소 원자 스펙트럼을 효과적으로 설명할 수 있는 모형을
가까스로 만들었지만, 물질과 빛의 영역을 확장시키기에는 역부족이었다.

독일의 물리학자 하이젠베르크는 젊은 시절, 보어의 모형이 일상 세계에서 충분히 벗어나지 못했다고 생각했다. 보어 모형은 행성이 움직이는 원리를 기반으로 만들어낸 모형에 양자 도약이라는 변형을 준 것에 불과했다. 하이젠베르크는 '가시 세계'를 사고에서 완전히 배제해야 한다고 믿었다.

보어와 다르게 하이젠베르크는 양자 입자를 수학적 모형으로 표현했는데 이는 '행렬 역학'이라고 알려져 있다. 하이젠베르크의 모형은 양자 세계의 이해에 어떠한 도움도 주지 않는 숫자의 집합에 불과했으나, 양자 입자의 움직임을 예측할 때는 아주 효과적이었다.

행렬 속으로

하이젠베르크는 행렬을 이용해 양자론에 접근했다. 행렬은 2차원으로 배열된 숫자로 이루어져 있고 이 숫자들은 우리가 아는 숫자와는 성질이 조금 다르다. 행렬의 경우, A × B는 B × A와 같지 않다. 대부분의 물리학자에게 행렬은 다소 생소한 개념이었기 때문에 행렬 역학이 쉽게 받아들여지지 못했다.

▲ 하이젠베르크는 1932년 '양자물리를 창시한 공로'로 노벨 물리학상을 받았다.

$$A = \begin{bmatrix} 1 & 0 \\ 2 & 1 \end{bmatrix} \quad \text{and} \quad B = \begin{bmatrix} 5 & 4 \\ -5 & 1 \end{bmatrix}$$

▶ 겉보기에 어려워 보일 수 있겠지만 행렬은 2차원 배열이다. 왼쪽 위의 결과는 첫 번째 행렬의 위쪽 행과 두 번째 행렬의 왼쪽 열을 곱해서 더한 값이다. 노랑 부분을 계산하면 $(1 \times 5) + (0 \times -5) = 5$이다.

$$AB = \begin{bmatrix} 1 & 0 \\ 2 & 1 \end{bmatrix} \begin{bmatrix} 5 & 4 \\ -5 & 1 \end{bmatrix} = \begin{bmatrix} 5 & 4 \\ 5 & 9 \end{bmatrix}$$

$$BA = \begin{bmatrix} 5 & 4 \\ -5 & 1 \end{bmatrix} \begin{bmatrix} 1 & 0 \\ 2 & 1 \end{bmatrix} = \begin{bmatrix} 13 & 4 \\ -3 & 1 \end{bmatrix}$$

슈뢰딩거 방정식

플랑크, 아인슈타인, 보어가 일으킨 양자 혁명에 흥미를 느꼈던 물리학자는 하이젠베르크뿐만이 아니었다. 오스트리아의 과학자 슈뢰딩거 역시 양자물리의 영역을 확장하여 모든 입자에 적용하기 위해 심혈을 기울였다. 하지만 하이젠베르크와는 다르게 슈뢰딩거는 모형을 시각화할 수 있어야 의미가 있다고 생각했다.

슈뢰딩거는 하이젠베르크처럼 순수 수학의 관점이 아닌, 양자 입자가 파동이라는 점에 집중했던 보어와 드 브로이의 뒤를 따라 하이젠베르크의 이론에 대응하는 '파동 역학'을 만들어냈다. 이러한 접근법을 택하면서 양자 입자를 파동으로 취급했으며 슈뢰딩거는 시간의 흐름에 따라 움직이는 양자 입자를 설명해줄 수 있다고 믿었던 방정식을 한 가지 만들었다.

당시에는 같은 문제에 근본적으로 완전히 다른 두 가지 접근법이 있는 것처럼 보였다. 하지만 슈뢰딩거 방정식은 인상적이기는 했으나 두 가지 큰 결함이 있었다. 첫 번째 문제는 슈뢰딩

$$ih\frac{\partial}{\partial t}\Psi(r,\, t) = \hat{H}\Psi(r,\, t)$$

▲ 슈뢰딩거는 Ψ(프사이)와 Ĥ(해밀토니안)을 이용해 수학적으로 간결한 방정식을 만들었다.

▶ 슈뢰딩거는 디랙과 함께 '원자론의 새로운 생산적 모형을 발견한 공로'로 1933년 노벨 물리학상을 공동 수상했다.

거 방정식은 입자가 퍼져나가듯이 시간의 흐름에 따라 점점 더 넓은 공간을 차지하는 현상을 표현하는 것처럼 보였다. 이에 따르면 결국 물체가 붕괴하게 되는데 당시까지 이러한 참사를 목격한 사람은 없었다. 하지만 이는 방정식이 점점 정교해지면서 발생하는 필연적인 오류였을 것이다. 그리고 방정식이 'i' 값을 포함하고 있어 가상의 결과를 도출하는 것처럼 보인다는 두 번째 문제가 있었다.

갈등 해결

• • •

영국의 물리학자 디랙(Paul Dirac)은 하이젠베르크와 슈뢰딩거의 접근법이 같은 문제를 두 가지 방법으로 풀어낸 답이라는 사실을 밝혀낸다.

슈뢰딩거의 사생활은 종종 '이례적'이었다고 묘사된다. 1938년, 슈뢰딩거는 나치를 피해 아내와 힐데와 함께 아일랜드로 탈출했는데, 힐데는 동료 물리학자 마르흐의 아내였고 1934년 슈뢰딩거의 딸을 낳았다.

허수의 물리학

슈뢰딩거 방정식은 복소수 해를 가진다. 수 세기 전, 수학자들은 −1의 제곱근에 대해서 곰곰이 생각해 보았다. 양수든 음수든 실수를 제곱하면 양수를 얻는다. $1 \times 1 = 1$이며 $-1 \times -1 = 1$이다. 어떤 숫자를 제곱해야 음수를 얻을 수 있을까? 수학자들은 $i \times i = -1$이라는 개념을 정의하고 −1의 제곱근을 i라 하여 숫자의 영역을 넓혔다.

처음에는 수학적 유희에 불과했지만, 이후 아무 쓸모없다고 생각했던 개념을 의미 있게 사용할 수 있다는 사실이 증명되었다. 만약 좌

현실로 만들다

● ● ● ● ● ●

과정이야 어떻든 최종 결과만 실수라면, 허수를 사용해 파동과 같은 2차원적 운동을 계산할 수 있다. 하지만 슈뢰딩거의 파동 방정식처럼 값이 허수로 나올 경우, 아무도 해의 의미를 짐작할 수 없다.

기존의 산술에서 −1을 만들려면 서로 다른 두 수를 곱해야 했다. 제곱해서 −1을 만들려면 어떻게 해야 할까?

$1 \times -1 = -1$	$-1 \times -1 = 1$
$1 \times 1 = 1$	$-1 \times 1 = -1$
$? \times ? = -1$	

표 평면의 가로축을 실수로, 세로축을 허수로 나타내면, 2차원 공간의 점들은 $3+2i$와 같은 하나의 '복소수'로 나타낼 수 있다. 그리고 이러한 복소수는 물리학과 공학에서 아주 유용하게 쓰이고 있다.

$$i\hbar\frac{\partial}{\partial t}\Psi(r,\ t) = \hat{H}\Psi(r,\ t)$$

◀ 방정식의 머리 부분에 자리 잡은 'i'는 상상을 현실로 바꾸는 존재처럼 보인다.

상상의 수를 상상하며

● ● ● ● ● ● ● ● ● ●

고대 그리스 알렉산드리아의 수학자
헤론(Heron)이 우연히 허수를 사용한 적
있지만, 분명한 의도로 처음 사용한 사람은
16세기 이탈리아 수학자들로, 정육면체와
네제곱을 이용한 방정식을 연구하면서
허수를 접목시켰다.

◀ 가로축은 실수, 세로축은
허수를 나타낸다. 3+4i 같은
복소수는 2차원에서의 위치
를 표현한다.

95

보른의 확률적 해석

허수 문제는 슈뢰딩거 방정식이 제대로 돌아가도록 하는 핵심이 파동 함수 절댓값의 제곱이라는 사실을 깨달으면서 비교적 빠르게 해결되었다. 그러나 새로운 수정안은 방정식이 시간의 흐름에 따라 양자 입자가 퍼져나가는 듯한 현상을 표현하는 것처럼 보인다는 문제를 해결하지 못했는데 이는 분명히 현실에서 일어날 수 없는 일이었다.

입자가 퍼져나가는 문제의 해결책은 아인

슈타인의 오랜 친구 보른(Max Born)이 찾았다. 슈뢰딩거 방정식의 해를 구하면서, 보른은 혁신적인 추측 하나를 제시했는데 정확하게 맞아떨어졌다. 뉴턴의 법칙처럼 움직이는 물체가 일정 시간이 지난 뒤에 어디에 있을지 알려주는 운동 방정식에 익숙해져 있었기 때문에 슈뢰딩거 방정식 역시 같은 원리라고 생각했었지만, 보른은 이 방정식은 일정 시간 뒤에 입자가 어떤 위치에 있을 '확률'을 알려준다는 것을 깨달았다. 퍼져나가는 입자를 구하는 것이 아니라, 멀리 떨어진 위치에서 찾을 수 있는 확률을 의미했다.

이 작은 생각의 도약은 양자물리의 본질을 완전히 바꾸어 놓았다. 양자 입자는 더 이상 관측했던 위치에 존재하지 않는다. 양자 입자를 기술할 수 있는 것은 특정 위치에서 찾을 수 있는 확률뿐이다. 당시까지, 물리학자들은 입자가 주변에서 볼 수 있는 물체와 같다고 생각했다. 마치 고대 그리스 원자론자들이 원자가 세

▲ 보른은 '양자물리에 대한 근본적인 연구, 특히 파동 함수의 확률적 해석'으로 1954년 보테(Walther Bothe)와 함께 노벨 물리학상을 받았다.

계를 이루는 물체라고 생각하고, 입자가 아주 작은 공처럼 움직인다고 믿었던 것처럼 말이다. 하지만, 양자 입자의 실상은 아주 달랐다. 슈뢰딩거 방정식에서 예측한 것처럼 관측하지 않을 때는 확률로 이루어진 흐릿한 구름과도 같았다. 오직 다른 물체와 상호작용 하여 특정한 위치를 차지할 때만 알 수 있었다.

◀ 보른의 추측이 받아들여지면서, 양자 입자는 더 이상 특정한 위치를 차지하지 않으며, 시간이 지날수록 확률로 이루어진 흐릿한 구름의 형태를 가지는 존재가 되었다.

구두 수선공 아인슈타인

보른과 아인슈타인은 사적인 이야기부터 과학 토론에 이르기까지, 다양한 내용의 편지를 몇 년에 걸쳐 주고받았다. 아인슈타인의 직접적인 도움으로 창시된 양자물리에 대해 아인슈타인 스스로도 점차 의심을 가졌다는 내용이 편지에 담겨있다. 아인슈타인의 발목을 잡았던 난제는 보른이 도입한 확률이었다.

아인슈타인의 명언 중 "신은 주사위 놀이를 하지 않는다."라는 말이 있는데 보른에게 쓴 편지에도 이와 비슷한 구절이 여럿 있다. "양자물리는 훌륭한 이론일세. 하지만 '고전' 역학의 비밀을 풀지는 못하며, 어찌 되었든 나는 신이 주사위 놀이를 하지 않는다고 확신하네." 아인슈타인은 우주가 명쾌하고 구체적인 원칙에 따라 움직인다고 믿었다. 슈뢰딩거 방정식에 대한 보른의 해석이 옳다면, 입자는 관측되기 전까지 특정한 위치 없이 단지 확률로서 존재한다. 아인슈타인은 현실은 보른의 해석과 다르다고 믿었다.

보른에게 양자 효과가 확률의 통제 아래 있는 것처럼 보인다고 설명한 아인슈타인의 편지를 살펴보면 아인슈타인이 양자 이론의 확률적 측면에 대해 어떻게 느꼈는지 여실하게 알 수 있다. "정말 확률적 해석이 옳다면, 물리학자를 그만두고 차라리 구두를 수선하거나 도박장에서 일하는 게 낫다고 생각하네."

아인슈타인은 무교였으며 '신'이라는 단어를 '우주를 움직이는 원리'라는 의미로 사용한 듯하다.

"양자 이론은 엉성한 생각으로 이루어져 있으며 정중하게 당신의 귀를 한 번 꼬집어 주고 싶소."

"양자물리는 등장과 동시에 성공을 거두었지만 근본적 으로 주사위 게임에 불과한 이론을 나는 도저히 믿을 수 없다…."

"당신이 일리가 있다고 생각하는 물리학에 대해 내 입장의 정당성을 입증할 수 없습니다… 나는 '양자 이론'을 진지하게 믿을 수 없어요. 당신이 믿는 이론은 유령 없이 물리학이 시간과 공간에서 실재를 표현해야 한다는 이론과 양립하지 못합니다."

"양자물리는 확실히 인상적이다. 하지만 나의 내면에는 양자물리가 아직 진짜가 아니라고 말하는 목소리가 있다."

"물리학에 대한 내 본능은 양자 이론에 거부 반응을 일으킨다. 만약 우주에 흩어 져 있는 존재들이 자신만의 독립적인 재를 가진다는 가정을 버린다면, 나는 물리학의 의미를 찾을 수 없을 것이다."

"양자물리는 아주 총명한 편집증 환자의 일관성 없는 망상으로 가득 찬 머릿속을 들여다보는 것과 비슷하다."

불확정성 원리

양자 이론의 확률적인 면은 아주 유명한 결과를 낳는다. 바로 하이젠베르크의 불확정성 원리다. 모든 것이 불확실하다는 의미로 넓게 오용되고 있지만 양자 입자가 가지는 한 쌍의 특징 사이의 관계를 아주 정확하게 알려준다.

불확정성 원리는 우리가 특정 양자 물체에서 한 쌍의 특징을 취한다면, 예를 들어 위치와 운동량 혹은 에너지와 시간을 알아냈다고 가정하면, 한 값을 정확하게 알아낼수록 그만큼 다른 값이 불확실해진다는 사실을 알려준다. 다시 말해 양자 입자의 위치를 정확히 알아낸다면, 운동량은 어떠한 값도 가질 수 있다. 뒤집어 말하면 운동량을 정확히 알고 있다는 전제가 있다면 입자는 어디에도 존재할 수 있다는 뜻이다.

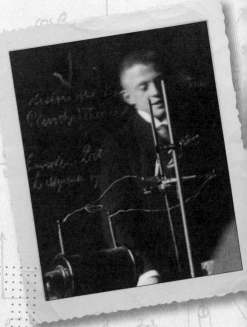

▲ 1924년 하이젠베르크의 모습.

하이젠베르크는 처음 불확정성 원리를 주장하면서, 입자를 보는 데 사용하는 광자가 오히려 입자를 교란하는 현미경을 예로 들었다. 하지만 보어는 불확정성 원리는 외부 개입이 필요 없다는 점을 지적하였다.

확정성이 없는 사진

• • • • • • • •

이해하기 쉬운 비유는 다음과 같다. 빠르게 움직이는 물체의 사진을 찍는다고 생각해보라. 노출을 길게 하면 물체는 흐려진다. 어떻게 움직이는지는 어느 정도 알 수 있으나, 위치는 알 수 없다. 노출을 짧게 하면 정확한 위치는 알 수 있으나 어떻게 움직이는지는 알 도리가 없다. 하지만 불확정성 원리는 관측과는 관련이 없으며 입자의 실제 성질에 대한 것이다.

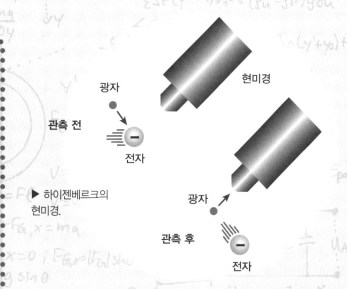

관측 전

광자

전자

현미경

관측 후

광자

전자

▶ 하이젠베르크의 현미경.

▼ 불확정성 원리는 움직이는 물체의 사진을 찍는 것과 유사하다. 위치나 속도 두 가지 모두는 불가능하지만 노출에 따라 둘 중 한 가지는 묘사할 수 있다.

그 고양이

양자의 기이한 성질을 설명하기 위해 빠지지 않고 등장하는 사고 실험은 바로 슈뢰딩거의 고양이다. 실제로는 의도와 다르게 의문만 더 하지만 말이다.

하나 이상의 양자 상태를 가질 수 있는 계는 중첩 상태에 있다고 할 수 있다.

하이젠베르크는 보른의 견해에 흔쾌히 동의하여 확률을 실재의 핵심에 두었으나, 슈뢰딩거는 아인슈타인의 관점에 지지를 보냈다. 슈뢰딩거는 자신이 발견한 문제점을 지적하기

위해 사고 실험을 하나 고안한다.

슈뢰딩거가 고안한 실험은 다음과 같다. 상자 안에 고양이와 독극물이 든 병 하나를 넣는다. 병은 방사능 원소의 붕괴에 반응하면 깨진

▲ 독극물 방출 여부는 양자 사건에 달려있기 때문에, 상자를 열기 전에 고양이는 죽어있으면서 동시에 살아있어야 하는 것처럼 보인다.

▶ 1921~1926년에 슈뢰딩거가 지냈던 정원에는, 빛에 따라 죽은 것처럼 보이기도 하고 살아있는 것처럼 보이기도 하는 고양이가 있다.

다. 대다수의 양자 입자처럼 핵붕괴 역시 확률적인 면을 가지고 있는데, 보른의 접근에 따르면 상자를 잠시 놓아두면 핵의 붕괴는 일어나는 것도, 일어나지 않는 것도 아니다. 그저 둘 중 하나의 확률만 있을 뿐이다. 이는 고양이가 살아있으면서 동시에 죽어있다는 것을 의미한다.

현실에서 이러한 실험은 의미가 없다. 방사능 탐지기가 상호작용을 일으키면서 원자의 상태를 하나로 결정짓기 때문이다. 하지만 고양이는 기이한 상상의 나라에 한쪽 발을 걸치고 있다.

비현실적인 고양이

과학자들은 슈뢰딩거의 고양이와 관련된 새로운 실험 결과를 자주 과장한다. 예를 들자면, 2016년 예일 대학교에 이뤄진 실험에 대한 기사제목이다. "반쪽이 된 슈뢰딩거의 고양이, 관측 후에도 살아있으면서 동시에 죽은 채 발견되다!" 현실은 기사 제목보다 훨씬 평범하다. 고양이는 없었다. 그저 두 개의 상자에 다른 에너지를 나눠 담았을 뿐이다. 두 상자를 이으면, '고양이' 상태가 된다. 상자가 서로 연결되었을 때 '중첩' 상태가 유지되는데 연결을 끊은 뒤에도 '반으로 잘린' 상태를 유지했다.

동시에 두 곳에?

슈뢰딩거 방정식의 확률적 해석은 광자나 전자를 한 번에 하나씩 발사해도 이중 슬릿 실험에서 간섭 무늬가 나타나는 이유를 설명할 수 있었다. 입자는 특정 위치를 차지하지 않기 때문에 두 개의 슬릿을 모두 통과할 가능성이 있고, 확률 파동이 간섭을 일으키면서 줄무늬를 만든다.

간단하게 말하자면, 입자는 두 개의 공간에 동시에 있는 것으로 묘사되며 대중 매체에서 이를 다룰 때는 "두 개의 슬릿 모두를 통과하며 스스로에게 간섭한다."고 한다. 이렇게 설명하는 것은 양자물리를 다르게 설명할 뾰족한 방법이 없기 때문이다.

하지만, 진실은 낯설다. 입자는 다른 물체와 상호작용 하기 전까지는 위치를 가지지 않는

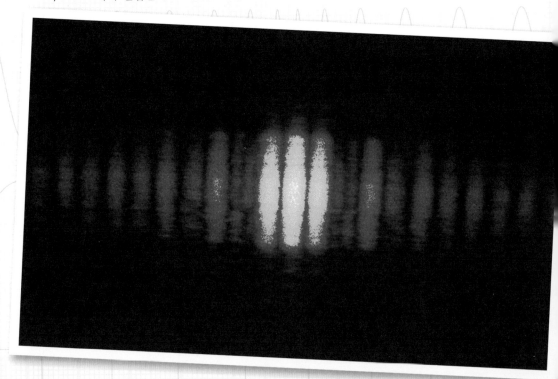

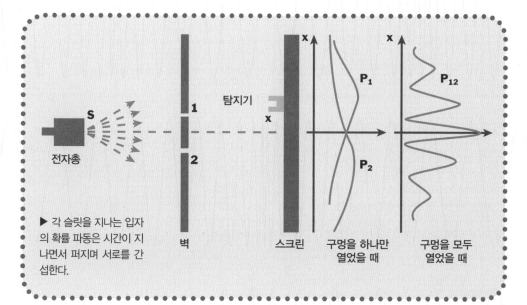

▶ 각 슬릿을 지나는 입자의 확률 파동은 시간이 지나면서 퍼지며 서로를 간섭한다.

전자총

S

벽

1

2

탐지기

x

스크린

x

P_1

P_2

구멍을 하나만 열었을 때

x

P_{12}

구멍을 모두 열었을 때

다. 영의 이중 슬릿 실험에서는 스크린에 충돌할 때 상호작용이 일어난다. 입자의 존재는 오직 슈뢰딩거의 파동 방정식을 이용한 확률로서 나타내야 한다. 입자는 일직선으로 움직이지 않는다. 스크린에 부딪힐 때까지는 한 쌍의 변화하는 확률로서 존재한다. 같은 시간에 두 장소에 있지 않다는 말이다. 사실, 입자는 어디에도 있지 않다. 오직 확률만이 존재한다.

▶ 영은 자신의 이중 슬릿으로 빛의 본질을 확실히 관측했다고 생각했지만 양자 이론은 확실성을 제거해버렸다.

코펜하겐 해석

슈뢰딩거 방정식에 대한 보른의 해석을 많은 학자가 받아들이게 되면서, 뉴턴과 그를 추종하는 사람들이 시계태엽처럼 맞아떨어졌던 고전 물리학과 양자물리는 아주 다르다는 사실이 명백해졌다.

슈뢰딩거 방정식을 지켜본 사람 중 무슨 일이 벌어지고 있는지 이해할 수 있었던 사람이라면, 숫자로 실재를 표현했던 하이젠베르크처럼 양자물리를 순순히 받아들이거나, 관측한 현상에 대한 새로운 해석을 찾거나, 양자택일을 해야 했다. 수년 동안, 코펜하겐 해석이 일부 유사 해석들과 함께 가장 많은 지지를 받았다.

이름에서 알 수 있듯이, 덴마크의 물리학자 보어가 만들고 하이젠베르크가 도움을 주었다. 양자 입자는 확률 파동 함수로만 묘사할 수 있지만, 주변 환경과 상호작용할 때는 파동

1920년에 보어가 코펜하겐 대학교에 설립한 이론 물리 연구소는 오늘날 닐스 보어 연구소로 불린다.

▼ 뉴턴의 우주에는 간단하고, 명쾌하게 떨어지는 역학 과정만 존재한다. 만약 우리가 우주의 현재 상태를 정확하게 안다면 미래에 어떤 일이 벌어질지 예측할 수 있다.

붕괴하는 파동

• • • • • •

코펜하겐 해석의 핵심은 '파동 함수 붕괴'다. 양자계가 관측되기 전에는, 예를 들어 위치나 운동량처럼 각 성질마다 가질 수 있는 값의 범위가 있었다. 하지만 계가 관측되고 난 뒤에는 슈뢰딩거 방정식으로 묘사하는 파동 함수가 하나의 값으로 측정된다. 일부 물리학자들은 어떻게 이러한 일이 일어날 수 있는지 설명하지 못하는 자신의 무능력을 원망했지만, 많은 이들은 당시까지 관측한 사실을 효과적으로 설명할 수 있다는 점에 만족하며 새로운 해석을 받아들였다.

함수가 특정 관측 값으로 붕괴한다는 내용이다.

또한 코펜하겐 해석은 하이젠베르크의 불확정성 원리와 양자계 '내부'의 확률을 제외하면 본질적으로 아무것도 알 수 없다는 개념을 포함한다.

향도파

코펜하겐 해석은 양자 세계의 내부 작용에 신경 쓰지 않고 자신의 계산을 계속할 수 있다는 점에서 많은 물리학자가 흡족하게 받아들였다. 하지만 일부 물리학자들은 확률 개입 말고도 밝혀지지 않은 무언가가 더 있다고 생각했다.

가장 끈질기게 제기된 주장은 드 브로이가 체계화하고 물리학자 봄(David Bohm)이 발전시킨 향도파 이론이다. 이론에 따르면, 입자의 이동 경로를 안내하고 슈뢰딩거 방정식에 따라 시간이 지날수록 변화하는 고유의 파장을 양자 입자마다 가지고 있다.

　이러한 접근법은 코펜하겐 해석과 정확히 같은 결과를 도출한다. 하지만 향도파 이론은 코펜하겐 해석과 달리 실재가 모호한 확률에 의존하지 않았다.

　향도파 이론 또한 여전히 슈뢰딩거 방정식을 활용하지만, 특정 방식으로 입자의 길을 안내하는 파동을 묘사한다. 입자지만 영의 이중 슬릿 실험(→ 22쪽)에서 일어난 간섭과도 같은 파동의 작용을 수행할 수 있게 해주는 조력자가 바로 향도파이다. 드 브로이

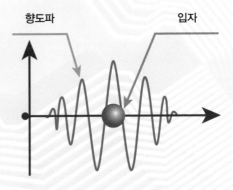

향도파　　　　　　　　입자

▲ 향도파 이론에 따르면 양자 입자마다 고유의 파동을 쏘아 보낸다.

와 봄이 함께 만든 초기 이론에서는 입자의 운동 일부를 설명할 수 없었지만, 훗날 봄이 실제와 더 잘 어우러지도록 손을 보았다.

◀ 봄은 1950년에 비미활동위원회(HUAC) 앞에서 증언을 거부했다는 이유로 체포되었고, 풀려난 후에는 미국을 떠나 영국으로 향했다.

밝혀진 숨은 변수

• • • • • • • • •

무언가와 상호작용하기 전까지 입자가 위치와 같은 성질을 가지지 않는다고 보았던 코펜하겐 해석과는 다르게, 향도파 이론에는 '숨은 변수'라고 알려진 개념이 있었다. 숨은 변수는 실제 값, 예를 들면 입자의 특정 시간에 존재하는 위치와 같은 값을 의미하지만, 외부 계에서는 접근할 수 없다.

결잃음

많은 물리학자가 코펜하겐 해석을 큰 문제없이 받아들이지만, 일부 사람들은, 입자가 환경과 상호작용하면 확률의 집합에서 하나의 구체적이고 측정 가능한 값으로 변한다는 '파동 함수 붕괴' 개념을 불편하게 생각한다.

붕괴 개념을 꺼리는 사람들은 이처럼 갑작스러운 변화, 그리고 주변 세계의 물체가 모두 양자 입자로 구성되어 있음에도 불구하고 양자 입자의 확률적 움직임과 우리 주변의 물리적 물체의 간단한 움직임 사이에 뚜렷한 구분이 있다는 주장을 내켜 하지 않는다.

이를 극복하기 위해, 오늘날에는 붕괴 개념을 포함하지 않는 '결잃음(decoherence)'이라는 관점을 사용하고 있다. 결잃음의 관점으로 계 전체를 보면 파동 함수는 절대 붕괴하지 않는다. 예를 들어, 탐지기가 측정을 수행하고 있는 동안에도 양자 입자의 행동을 묘사하는 파동 함수가 존재한다. 하지만, 외부 세계와 양자 입자가 상호작용하면 '결'을 잃게 되는데 결은 각각의 파동 함수로 묘사할 수 있으며 입자가 개별적인 특성을 가지도록 행동하는 능력으로 생각할 수 있다.

결잃음은 다세계 해석(→112쪽)에 기반하나 개별적으로도 의미가 있다.

구체적인 예를 살펴보자면, 결잃음은 고립된 양자 세계에서 양자 입자로부터 환경으로 정보가 새어 나가는 것을 뜻한다. 양자 입자가 더 이상 독립적으로 움직이지 않고 주변 입자에 이어진 채로 특정 위치를 가지게 되는 것이다.

다세계

코펜하겐 해석의 또 다른 대안을 많은 물리학자가 지지하는 이유는 어쩌면 위대한 공상 과학 소설의 소재이기 때문일지도 모른다. 다세계 해석은 미국의 물리학자 에버렛(Hugh Everett)이 박사 학위 논문 주제로 다루었던 개념을 기반으로 한다.

'다세계 해석'에서 파동 방정식은 붕괴하지 않는다. 대신, 슈뢰딩거 방정식으로 묘사된 적절한 확률에 따라 모든 가능성이 실제로 발생한다. 예를 들어 보자. 이중 슬릿 실험에서 파동은 두 슬릿을 모두 통과할 필요가 없다. 대신, 입자는 서로 다른 양자 우주에서 슬릿을 하나씩 통과하며 두 우주 사이에서 간섭이 일어난다. 따라서 양자의 모든 가능성은 수많은 우주에서 전부 발생하게 되며, 총괄해서 본다면 모든 가능성이 실제로 일어난 것이다.

오컴의 면도날(Occam's razor)은 13~14세기경 영국의 수도사 윌리엄이 만들었다. 오컴은 그가 태어난 곳으로 추정되는 마을의 현대식 표기이며 그의 저서는 라틴어로 작성되었다.

해석 정리하기

코펜하겐 해석의 수많은 이형(異形)을 다세계 해석과 뚜렷하게 구별할 방법은 없다. 하지만 최종 선택을 받은 이론은 반드시 가장 간단해야 한다는 '오컴의 면도날' 원리에 따라 코펜하겐 해석 이외에는 모두 도태된 것으로 여겨도 무방할 것이다.

양자 터널링

양자 이론이 옳다면, 원자를 포함한 양자 입자는 아주 이상하게 행동할 것이다.

입자의 위치는 단지 시간이 지남에 따라 퍼져 나가는 확률의 집합에 불과하기 때문에, 주차해둔 자동차가 갑자기 차고 바깥에서 튀어나오는 것처럼 양자 입자가 벽을 거치지 않고도 반대편에서 나타나는 것이 가능하다. 입자가 존재할 수 있는 위치가 퍼지면서 결국 장벽 바깥으로 뻗어 나가게 되는데, 이는 입자가 장벽 반대편에서 발견될 수 있는, 작지만 확실한 가능성을 만든다. '양자 터널링' 현상은 실험에서 여러 차례 목격되었을 뿐 아니라 전자 제품에도 사용되며 우리의 존재 역시 여기에 의존한다.

　태양에서 오는 에너지가 없었다면 지구의 생명체는 결코 진화하지 못했을 것이며, 태양은 다른 모든 항성과 마찬가지로 양자 터널링 없이는 빛날 수 없다. 항성 중심의 온도와 압력이 아무리 높다고 하더라도 양전하가 만들어내는 척력을 압도하고 수소 핵을 필요한 만큼 가깝게 몰아붙일 수 없기 때문이다. 오직

'양자 터널링'은 사실 부적절한 명칭이다. 입자는 장벽을 통과하지 않으며, 단지 반대편에서 나타날 뿐이다.

척력의 장벽을 무시하는 터널링이 일어날 가능성을 핵이 작게나마 가지고 있기 때문에 융합이 일어날 수 있다.

　확률이 낮기 때문에 극히 일부의 수소 핵만 장벽을 터널링 하는 데 성공한다. 하지만 태양에는 엄청난 양의 수소가 존재하기 때문에 수백만 톤의 수소가 매초 터널링 하게 된다. 양자 터널링 효과는 광합성과 같은 생물학적 과정에도 영향을 미치며 일부 전자 기기에도 응용된다.

▲ 입자가 장벽으로 향하는 모습을 타임 랩스로 촬영한다고 가정했을 때 나타나는 모습. 확률의 구름이 왼쪽에서 오른쪽으로 갈수록 커지며 결국 장벽 바깥쪽으로 퍼진다.

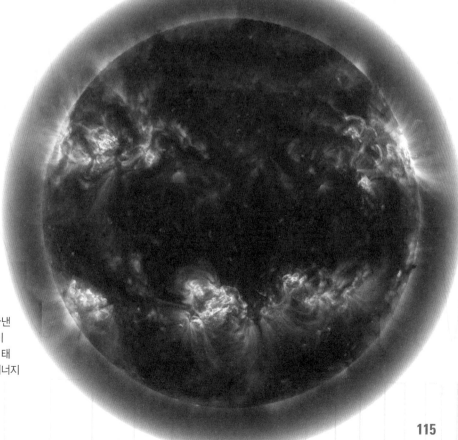

▶ 엑스선으로 나타낸 태양. 양자 터널링이 일어나지 않는다면 태양은 핵융합으로 에너지를 생산할 수 없다.

초광속으로

양자 터널링이 미치는 놀라운 영향 중 하나는 아주 짧은 거리에서 빛보다 빠르게 정보를
전송하는 능력인데 이는 빛보다 빠른 것은 없다는 아인슈타인의 특수 상대성 이론에 반한다.

빛보다 빠를 수 있는 이유는 터널링이 즉시 발생하기 때문이다. 터널링 동안 무슨 일이 일어나고 있는지 생각해보면 쉽게 이해할 수 있다. 입자는 사실 장벽을 통과하지 않는다.

▶ 어떤 초광속 실험에서, 내부 전반사 과정에 의해 마이크로파가 첫 번째 프리즘에 들어가면 커다란 두 프리즘의 사이를 터널링 하게 된다.

이미 장벽 건너편에 있을 확률이 존재하기 때문이다.

초광속(빛보다 빠른 속도)을 만들어내는 실

험에서 과학자들은 광자 따위의 입자를 장벽에 발사했다. 대부분은 튕겨 나왔지만, 일부는 양자 터널링 현상을 일으켜 장벽 바깥에서 나타났다. 장벽 내부에 존재했던 시간은 없기 때문에, 실험 기구 내의 출발점과 관찰 지점 사이 구간에서는 빛보다 빠르게 움직였다는 의미가 된다. 1밀리미터의 틈에 빛을 비추고 있다고 가정하자. 그런데 일부 광자가 이 틈을 양자 터널링 효과로 넘어가 버렸다. 원래 1밀리미터를 이동할 시간에 광자가 2밀리미터를 이동했으니 결국 빛의 속도보다 두 배 빠르게 움직인 셈이 된다. 하지만 이 효과는 너무 근소해서 빛보다 빠른 신호를 보낼 수 있는 시간 왜곡 현상으로 딱히 할 수 있는 일은 없다.

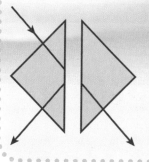

◀ 양자 입자는 반드시 첫 번째 프리즘에서 반사되어야 한다. 대부분은 예측대로 움직이지만, 일부는 빛보다 빠른 속도로 두 프리즘 사이를 건너뛴다.

독일의 님츠(Günter Nimtz) 교수는 어떠한 정보도 초광속 실험에서 전달되지 못할 것이라는 말을 듣고 모차르트 교향곡 40번을 광속보다 4배 빠르게 전송하는 실험을 직접 시연했다. http://www.universeinsideyou.com/experiment7.html

CHAPTER 5

양자
전기역학(QED)

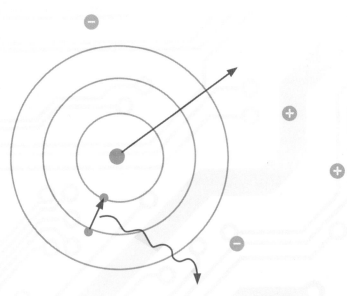

▶ 정열적인 미국의 물리학자 파인만은 빛과 물질을
다루는 과학인 양자 전기역학의 최고 권위자가 되었다.

파울리 배타 원리

보어가 초기 양자물리의 개념을 이용해 만든 수소 원자 모형은 겉보기에는 썩 잘 들어맞는 듯했다. 하지만 같은 개념을 다른 원소에 적용하려고 하자 몇 가지 문제가 발생했다(→ 76쪽).

초기 보어의 원자 모형에는 전자가 도약할 수 있는 몇 가지 궤도만 있었다. 하지만 수소보다 무거운 원소의 경우에 나타나는 여러 개의 스펙트럼을 설명하려면 더 복잡한 원자 구조가 필요했다. 실험 결과는 전자가 차지할 수 있는 궤도의 에너지를 기술하려면 하나가 아닌 총 네 개의 숫자가 필요하다는 사실을 암시했고, 이는 '양자수'라고 불린다.

오스트리아의 물리학자 파울리(Wolfgang Pauli)는 한 원자 내에서 두 전자가 같은 네 개의 양자수를 가지지 못한다고 주장했다.

배타적인 원자
● ● ● ● ● ●

'파울리 배타 원리(Pauli exclusion principle)'는 많은 전자를 가진 원자의 전자가 가장 낮은 에너지 준위에 있더라도 한 궤도에 전부 몰리지 않는 이유를 설명한다. 가장 바깥 궤도, 즉 최외곽 '껍질'에 있는 전자의 수는 원소의 화학적 성질을 결정한다.

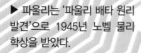

▶ 파울리는 '파울리 배타 원리 발견'으로 1945년 노벨 물리학상을 받았다.

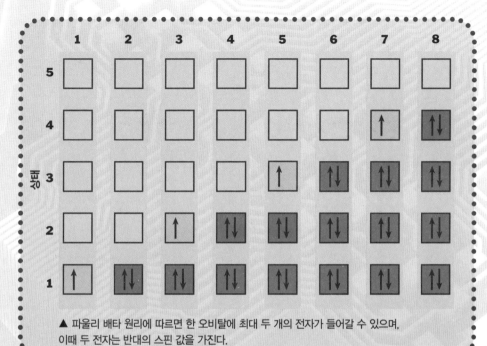

▲ 파울리 배타 원리에 따르면 한 오비탈에 최대 두 개의 전자가 들어갈 수 있으며, 이때 두 전자는 반대의 스핀 값을 가진다.

파울리는 물리학만큼이나 정신분석학계에서도 명성이 높다. 파울리가 큰 사건을 겪고 충격에 빠져 융에게 진료 받은 적이 있었는데, 나중에 융의 이론을 개선하는 작업에 도움을 주었다.

▼ 철의 방출 스펙트럼에는 매우 많은 줄이 나타난다. 서로 다른 전자 전이에 의해 일어나는 것으로, 실제 전자 구조가 보어의 모형보다 더 복잡하다는 사실을 암시한다.

디랙과 상대성 이론

마지막 1세대 양자 혁명가는 영국의 물리학자 디랙이었다.

슈뢰딩거 방정식이 완전히 자리 잡았을 무렵, 물리학자들은 아인슈타인이 1905년에 세운 특수 상대성 이론에 제법 익숙해졌다. 아인슈타인에 따르면 시간과 공간은 밀접하게 연결되어 있으며, 이에 따라 뉴턴의 운동 법칙을 손볼 필요가 있었다. 물체가 빛에 가까운 속도로 움직일 때, 거리나 운동량과 같은 물리량은 물체와 관측자의 상대적 움직임에 따라 변한다.

▲ 디랙은 '생산적이고 새로운 형태의 원자 이론 발견'으로 슈뢰딩거와 함께 1933년 노벨 물리학상을 공동 수상했다.

▼ 디랙은 케임브리지의 세인트존스 대학교에 있는 자신의 연구실에서 방정식을 손보았다.

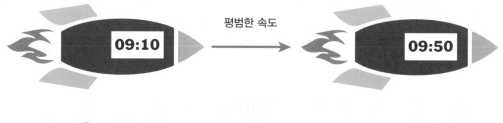

평범한 속도

09:10 → 09:50

빛에 가까운 속도

09:10 → 09:16

▲ 평범한 우주선과 빛에 가까운 속도로 움직이는 우주선. 후자의 경우 바깥에 붙은 시계는 느려지며 기체가 운동하는 방향으로 찌그러지고 질량이 커진다.

◀ 특수 상대성 이론은 시간과 운동량 등이 상대 운동에 영향을 받는다는 사실을 보여준다.

20세기 물리학의 핵심인 슈뢰딩거 방정식 역시 특수 상대성 이론보다는 뉴턴의 운동 법칙에서 영향을 받은 '고전적인' 방정식에 가깝다. 느리게 움직이는 입자를 다룰 때는 문제가 되지 않았지만, 전자처럼 빛에 필적하는 속도로 움직이는 경우는 얘기가 달랐다. 디랙은 케임브리지에 있는 자신의 연구실에서 상대성 이론을 결합한 새로운 방정식을 만들기 위해 고군분투했고, 그 과정에서 한 가지 기이한 가정을 하기에 이른다.

브리스톨에서 태어났으나 스위스 시민권자였던 디랙의 아버지는 디랙과 프랑스어로만 대화했고 디랙의 어머니는 영어만 사용했다. 어렸을 때 디랙은 남자와 여자가 서로 다른 언어로 말한다고 믿었다.

무한의 바다

디랙의 방정식은 전자의 움직임을 아주 정확하게 예측했으며, 전자가 양과 음의 에너지 준위를 모두 가진다는 개념 또한 제시했다. 만일 그렇다면, 전자는 낮은 에너지 준위로 계속 떨어져서 무한한 크기의 에너지를 발산하게 된다. 하지만 디랙 방정식은 실제 실험을 통해 세운 것이 아니었다. 당시까지 관찰한 모든 전자는 양의 에너지를 가지고 있었다.

디랙이 아닌 다른 물리학자라면 어쩌면 자신의 방정식을 포기했을지도 모른다. 그러나 디랙은 자신이 옳다고 확신하고, 이를 증명할 방법을 찾으려 애썼다. 디랙은 음의 에너지를 가진 전자로 이루어진 무한히 깊은 바다가 가능한 모든 우주 공간을 채우고 있다고 주장했다. 파울리의 배타 원리 때문에, 이 바다에서 전자는 음의 에너지 준위로 결코 떨어질 수 없다.

◀ 스위스 제네바의 유럽 입자 물리 연구소 (CERN)에 설치한 대형 강입자 충돌기. 에너지 충돌로 인해 수많은 입자가 생성된다.

$$\left(\beta mc^2 + c\left(\sum_{n=1}^{3} \alpha_n p_n\right)\right) \psi(x,t) = ih\frac{\partial \psi(x,t)}{\partial t}$$

▲ 디랙 방정식.

양전자 구멍
● ● ● ●

전자의 바다가 만조가 되면 가끔 이례적인 일이 발생한다. 가끔 음의 에너지를 가진 전자가 들어오는 빛을 받아 양의 에너지 준위로 튀어 올라갈 때, 다른 전자가 떨어지면 메워지는 구멍을 남긴다. 이는 디랙의 개념을 실험으로 증명할 수 있는 길을 열어주었다.

디랙은 사교성이 부족하기로 유명했다. 어느 날 디랙의 강의가 끝나고 질의응답 시간에 한 학생이 물었다. "교수님, 칠판 오른쪽 위에 있는 방정식이 이해가 안 됩니다." 디랙이 아무 말도 하지 않아 길고 불편한 침묵이 흘렀다. 마침내 디랙이 입을 열었다. "학생이 한 말은 질문이 아니라 본인 생각입니다. 질문을 해주세요."

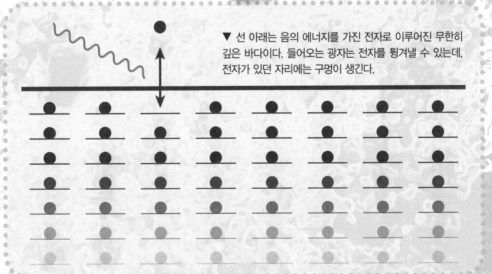

▼ 선 아래는 음의 에너지를 가진 전자로 이루어진 무한히 깊은 바다이다. 들어오는 광자는 전자를 튕겨낼 수 있는데, 전자가 있던 자리에는 구멍이 생긴다.

◀ 최초로 발견된 양성자. 입자가 진행하면서 남기는 안개를 이용해 관측하는 안개상자를 사용했다. 사진의 곡선은 자기장의 영향을 받아 반대 방향으로 구부러진 전자와 양전자를 나타낸다.

놓쳐버린 증명

● ● ● ● ● ●

얄궂게도 디랙은 자신의 이론을 뒷받침하는 첫 번째 증거가 증명된 현장을 놓쳤다. 1931년, 미국의 물리학자 앤더슨(Carl Anderson)은 우주선에서 첫 양전자를 발견했다. 우주선은 우주에서 지구로 날아온 입자의 고에너지 흐름이다. 앤더슨은 케임브리지 대학교에서 열린 세미나에서 이를 발표했으나 당시 디랙은 미국에서 안식년을 보내고 있었다.

양전자의 발견

무한의 바다에서 구멍을 찾는 일은 언뜻 대단히 어려워 보이지만, 디랙은 음의 에너지를 가진 전자가 사라진 구멍은 양의 에너지를 가진 전자와 같다는 사실을 깨달았다.

처음에는 이 입자가 양성자라고 생각했으나, 곧 양의 에너지를 가진 전자가 전자와 같은 질량을 가질 것이라는 사실을 깨달았다. 이는 반물질이 존재한다는 첫 번째 주장의 근거가 되었고 전자의 반물질, 즉 양전자는 전자와 같은 질량을 가지나 전자기장의 영향을 받아 반대 방향으로 휘기 때문에 탐지기로 찾을 수 있어야 했다.

무한의 바다에 대한 필요성은 양자장론(→128쪽)이 등장하면서 사라졌지만 디랙 방정식과 반물질은 전설로 남았다.

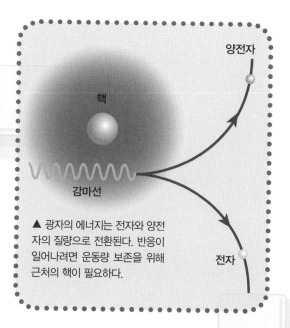

핵

양전자

감마선

전자

▲ 광자의 에너지는 전자와 양전자의 질량으로 전환된다. 반응이 일어나려면 운동량 보존을 위해 근처의 핵이 필요하다.

미국의 물리학자 밀리컨(Robert Millikan)은 광전 효과(➔ 74쪽)에 대한 아인슈타인의 생각을 증명했다. 앤더슨은 밀리컨의 지도를 받으며 박사 과정을 밟았는데, 디랙이 놓쳤던 세미나를 개최한 사람도 밀리컨이었다.

처음으로 발견한 반물질 입자. 질량은 각각 같지만 하나 이상 다른 성질을 띠는 대응물을 가지고 있다.

물질	전자	양성자	중성자
질량(kg)	9.109×10⁻³¹	1.673×10⁻²⁷	1.675×10⁻²⁷
전하(e)	-1	1	0
자기모멘트 pN	-1.001	2.793	-1.913

반물질	반-전자 (양전자)	반-양성자	반-중성자
질량(kg)	9.109×10⁻³¹	1.673×10⁻²⁷	1.675×10⁻²⁷
전하(e)	1	-1	0
자기모멘트 pN	1.001	-2.793	1.913

어디에나 있는 장

1930년대까지 양자물리는 현상을 파동 혹은
입자로 바라보았다.

19세기에 패러데이가 수학적으로 접근하는
세 번째 관점, 장(場)의 개념을 도입했다. 장
은 우주의 모든 곳에 존재하는 무언가의 높
이를 나타내는 등고선과 비슷한 개념으로,

어떤 물리학자들은 우주를
'벌크(bulk)'라고 알려진
장의 집합으로 나타내는
것이 가장 적절한
표현이라고 생각한다.

등고선과는 달리 3차원의 공간과 1차원의
시간을 모두 다루었다.

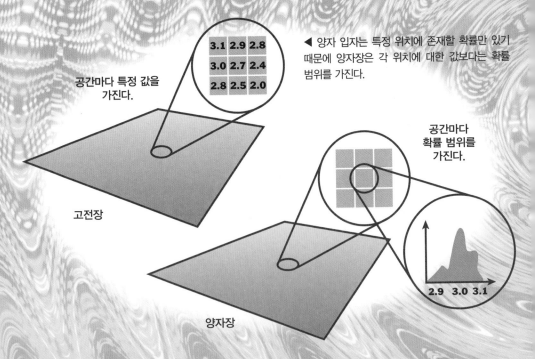

3.1	2.9	2.8
3.0	2.7	2.4
2.8	2.5	2.0

공간마다 특정 값을
가진다.

고전장

◀ 양자 입자는 특정 위치에 존재할 확률만 있기
때문에 양자장은 각 위치에 대한 값보다는 확률
범위를 가진다.

공간마다
확률 범위를
가진다.

2.9 3.0 3.1

양자장

128

양자장 이론은 우주 전체가 전자기장을 포함한 수많은 장에 영향을 받고 있다고 주장한다. 빛을 파동이나 입자로 취급하기보다는 전자기장의 변동으로 간주하는 것으로, 이는 양자 현상을 예측하는 능력에 있어서 대단히 유용한 돌파구가 되었다.

장은 모형일 뿐

· · · · · ·

빛 혹은 물질이 실제로 입자나 파동 혹은 장의 교란이 아니라는 사실은 몹시 중요하다. 이는 양자 현상의 움직임을 이해하고 예측하는 데 도움을 주는 모형이다. 그러나 현실에서 빛은 그저 빛일 뿐이다.

▶ 지도의 등고선은 같은 높이의 점을 이어준다.

양자 전기역학

디랙이 시작한 연구는 세 명의 과학자, 미국의 파인만(Richard Feynman)과 슈윙거(Julian Schwinger), 일본의 도모나가(Sin-itiro Tomonaga)가 이어받아 QED 혹은 양자 전기역학으로 알려진 빛과 물질의 상호 작용에 관한 이론을 각자 완성해냈다.

QED는 엄밀히 말하자면 장이론이나 빛과 물질, 물질과 물질 사이의 모든 상호작용을 가장 정확하게 (수학에 깊게 의존하지 않고) 예측하는 이론이다. 양자 입자 개념을 이용해 우리 주변 세계에서 일어나는 대부분의 일을 설명할 수 있다.

파인만은 QED 입문 강연에서 다음과 같이 말했다. "여러분에게 빛이 입자라는 사실을 강조하고 싶습니다. 빛의 입자성을 인지하고 있는 것은 몹시 중요합니다. 특히 학교에서 빛의 파동성에 대한 수업을 들었던 사람이라면 더욱더 그렇습니다. 다시 한 번 말씀드리지만, 빛은 입자처럼 움직이고 있습니다."

▲ 파인만, 슈윙거, 도모나가는 QED 연구로 1965년 노벨 물리학상을 받았다.

놀랍도록 정밀한

. . . .

QED는 이론과 실험값
사이의 오차가 거의 없는
매우 효과적인 이론이다.
파인만은 QED에 대해
로스앤젤레스에서
뉴욕까지의 거리를
머리카락 두께만큼의 오차
범위로 측정하는 정도라고
말했다.

챌린저 우주 왕복선 사고를 다룬 TV 청문회
에서 파인만이 얼음물이 담긴 컵에 오링을
집어넣어 저온에서의 유연성 상실을 보인
일화는 유명하다.

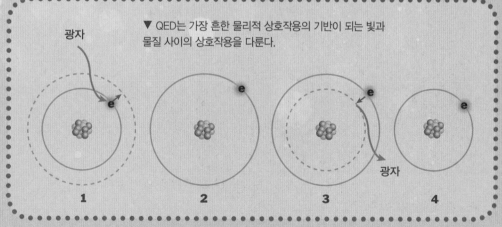

광자

▼ QED는 가장 흔한 물리적 상호작용의 기반이 되는 빛과
물질 사이의 상호작용을 다룬다.

e

e

e

광자

e

1   2   3   4

파인만의 승합차

QED로 노벨상을 수상한 세 명의 물리학자 중 파인만은 가장 카리스마 있는 인물로 많은 청중 앞에서 양자물리를 가르치는 데 뛰어났다. 다른 사람과의 의사소통을 중시했던 파인만의 면모는 파인만 다이어그램의 고안으로 이어졌다. 이 다이어그램은 공간과 시간의 축 안에서 양자 상호작용을 선으로 표현한다.

파인만 다이어그램은 양자 입자가 상호작용할 때 나타나는 일을 확인하는 데뿐만 아니라 양자물리에서 흔히 사용하는 계산에도 유용했다. 이는 다이어그램이 수학 공식을 그림으로 나타내었기 때문이다. 특정 결과의 확률은 서로 다른 파인만 다이어그램의 합으로 계산할 수 있다. (사실 모든 다이어그램을 그리지는 않으며, 오차가 무시해도 좋을 만큼 작아질 때까지 더하는 방식을 사용한다.)

거미같이 생긴 다이어그램은 파인만의 트레이드마크가 되었으며, 그는 자신의 승합차에 이 다이어그램을 그려 넣고 캘리포니아 공과대학교를 당당하게 활보했다.

파인만은 소위 '고상한' 문화에는 관심이 없었지만 봉고 연주에 대단한 열정을 보였다.

◀ 파인만은 세계적인 연사였으며, 파인만의 강의를 정리한 소위 '빨간 책'은 해당 분야의 정석이 되었다.

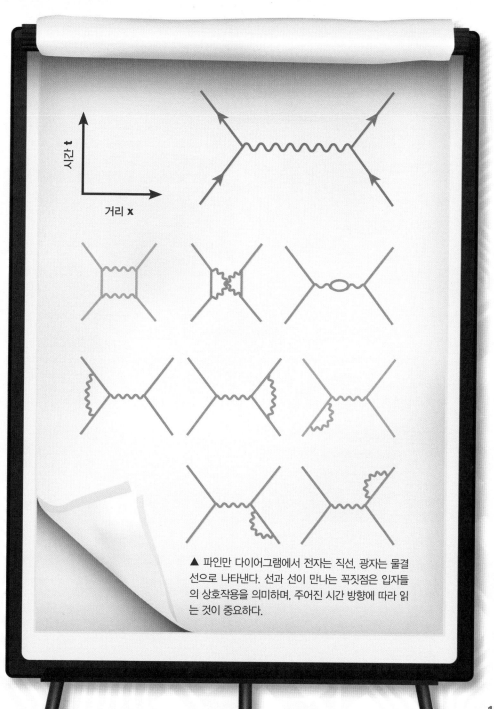

▲ 파인만 다이어그램에서 전자는 직선, 광자는 물결선으로 나타낸다. 선과 선이 만나는 꼭짓점은 입자들의 상호작용을 의미하며, 주어진 시간 방향에 따라 읽는 것이 중요하다.

▲ 당구공은 직선 운동을 하며 대칭 경로로 움직인다.

가능한 모든 경로를 지나다

파인만 다이어그램은 원리는 간단하지만, QED 계산에서 아주 중요한 역할을 한다. 예를 들어 두 입자가 하나로 모였다가 전 자기 저항으로 인해 튕기면서 흩어졌다고 생각해보자. 고전 물리학은 이를 두 개의 당구공이 충돌해 같은 각도로 튕겨 나가 는 운동과 같다고 보지만 양자 세계에서 는 전혀 다르다.

예로 든 '당구공'의 충돌은 하나의 파인만 다이어그램으로 나타낼 수 있지만, 대칭 각도가 아니거나, 입자가 태양을 우회해서 서로 충돌하는 등 가능한 수많은 다른 경로가 있다.

원칙대로라면 가능한 모든 경로를 택한다. 하지만 일부 경로는 무시해도 좋을 만큼 확률이 낮고, 어떤 경로는 다른 경로와 서로 상쇄된다. 따라서 최종 결론은 처음 예상했던 당구공의 움직임과

같다. 물론 가능한 모든 파인만 다이어그램을 그릴 수는 없지만, 확률이 높은 경로를 채택하면 결과를 어느 정도 추론할 수 있다.

마법의 거울

기묘한 경로의 실체는 거울과 한 줄기 빛으로 증명할 수 있다. 우리는 학교에서 배운 대로 빛이 거울에 부딪히면 충돌 각도 그대로 반사된다고 생각한다.

불필요한 경로의 필요성

예상 경로 이외의 모든 가능성을 제거한다면, 애초에 왜 여분의 가능성을 열어둘까? 이러한 '불필요한' 경로에 대한 이유를 곧 다루게 되며 양자 입자의 움직임에 얽힌 신비 역시 함께 이해할 수 있다.

파인만 다이어그램은 광학에 대한 기존의 접근법을 완전히 다시 생각해야 할 필요성을 제기했다.

이는 빛의 광자가 '위상'이라는 성질을 가지고 있기 때문이다. 입자들은 같은 위상에서 서로를 보강하지만, 다른 위상에서 서로를 상쇄한다. (입자는 위상 때문에 파동과 같이 행동할 수 있다.)

특이한 각도로 반사되는 모든 입자는 상쇄하는 위상을 가지고 있으므로 결과는 예상 그대로의 고전적인 반사가 되는 것이다. 하지만 거울 오른쪽 면의 막을 제거하면 광자의 반사를 예측할 수 없는데 이는 새로 발생하는 각도의 위상이 더 이상 서로를 상쇄하지 않기 때문이다. 위상 변화율은 빛의 진동수와 색과 관련이 있으며 다른 색의 빛은 다른 각도로 반사된다.

CD나 DVD에 생기는 무지개는 회절에 의해 생긴다. 디스크의 홈이 거울에서 제거한 막 역할을 한다.

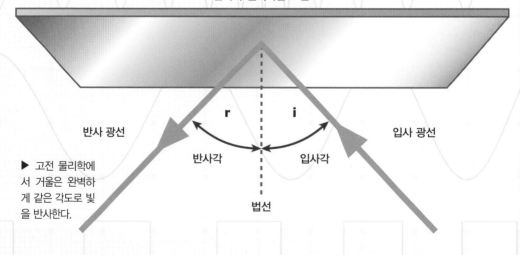

반사가 일어나는 표면

반사 광선

r

i

입사 광선

반사각

입사각

법선

▶ 고전 물리학에서 거울은 완벽하게 같은 각도로 빛을 반사한다.

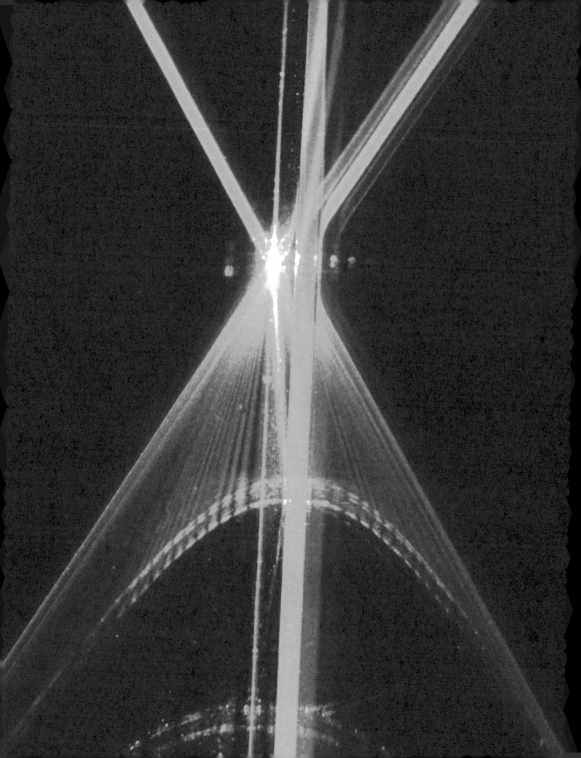

양자 렌즈

파인만의 QED 연구는 파동으로만 나타낼 수 있다고 믿었던 빛의 움직임을 모두 입자 모형으로 설명할 수 있다는 사실을 입증했다. 그중 렌즈가 좋은 예인데, 빛의 입자성을 고려했을 때 설명하기 까다로운 면이 있었다.

빛이 렌즈를 통과하지 않는 경우, 예외적인 경로의 위상은 모두 상쇄되며 가상의 지점 A에서 B를 최단 거리로 잇는 경로만 남는다. (여기서 경로가 반드시 직선일 필요는 없다. 그러나 무작위적인 물결 경로는 서로를 상쇄하는 경향이 있다.)

직선이 아닌 경로가 상쇄되는 이유는 빛의 이동 시간이 달라 위상이 변하기 때문이다. 이

번에는 빛이 유리 렌즈를 통과해 이동한다고 가정해보자. 빛의 움직임은 공기보다 유리에서 더 느리므로 유리 두께가 굵어지면 통과하는 시간이 더 길어진다. 결국 빛은 모든 경로를 같은 시간으로 통과하며 상쇄가 아닌 보강이 일어난다.

'렌즈'라는 단어는 콩을 뜻하는 라틴어 '렌틸'에서 유래되었는데, 이는 볼록 렌즈의 모양이 렌틸콩처럼 볼록하기 때문이다.

재규격화

QED가 아주 효과적인 이론이라는 사실은 증명되었지만, 섭동 이론에서 발생하는 무한대 문제가 있었다. 전기장의 에너지는 입자 중심에서부터 거리의 역 제곱에 비례한다. 그런데 전자의 지름이 0이니 자체 에너지가 무한대로 발산해버렸던 것이다.

다른 곳에서는 매우 잘 맞아떨어졌던 QED가 말을 듣지 않자, QED 이론가들은 '재규격화'라는 미봉책을 쓰게 된다. 재규격화는 이론상의 제어 불가능한 값을 관측에서 얻은 정확한 값으로 깔끔하게 대체했으며, 상대적으로 얼마 되지 않는 값만 따로 추가하면 되었다. 재규격화 덕분에 QED는 모든 이론을 통틀어 실험값과 일치하는 예측이 가장 많은 이론으로 남았다.

쌍둥이 급수

QED에서 무한대로 발산하는 문제는 아주 유사해 보이는 두 급수의 합과 비슷하다.

$$1 + \tfrac{1}{2} + \tfrac{1}{4} + \tfrac{1}{8} \cdots$$

로 이어지는 무한히 긴 숫자를 전부 더하면 2가 나온다. 하지만,

$$1 + \tfrac{1}{2} + \tfrac{1}{3} + \tfrac{1}{4} \cdots$$

와 같은 무한급수의 합은 무한이 된다.

물리학자들은 무한과 마주하면, 보통 우주가 유한한지 무한한지에 관한 문제는 일단 제쳐두고, 자신의 이론이 한계에 직면했다고 믿는다.

▲ 블랙홀에서 별의 모든 물질은 무한한 밀도를 가지는 한 점으로 붕괴한다. 우리는 블랙홀을 실재하는 개념으로 이야기하지만, 사실 무한한 값을 가진다는 것은 현재의 물리학을 적용할 수 없다는 것을 의미한다.

편광

광자의 가장 중요한 양자적 성질은 편광이다. 파동의 특징인 위상과 마찬가지로, 과학자들은 양자물리가 나타나기 훨씬 전부터 편광을 알고 있었다.

광자의 편광 현상은 빛에 특정한 방향성이 있음을 보여준다. (양자적으로 더 자세하게 설명할 수 있겠지만 총 네 가지가 있으며, 편광은 시간에 따라 달라지므로 방향으로 이해하는 것이 가장 쉽다.) 보통 광선을 이루는 광자의 편광은 무작위적이나 특정 방향으로 편광을

▲ 빙주석은 투명한 형태의 석회암으로 편광 현상에 따라 빛이 여러 각도로 휘어진다. 따라서 상이 여러 개로 보인다.

일으키는 광자만 통과할 수 있는 일종의
광학체 역할을 하는 물질이 있다.

편광은 순수한 양자적 특성이다. 아래와
같이 배열된 세 개의 편광 필터에 광자를
통과시키면, 첫 번째와 마지막 필터의 편광
축이 서로 수직이더라도 일부는 끝까지 통
과한다. 이는 중간 필터로 인해 광자의 편
광 방향이 수평과 수직이 중첩된 상태를 가
지기 때문이다.

미국의 발명가 랜드(Edwin
Land)는 편광 현상에
매료되어 18세에 하버드
대학교를 중퇴했다. 이후 차고
실험실에서 편광을 일으키는
아주 작은 결정체를 사이에
끼운 플라스틱 시트,
폴라로이드를 개발했다.

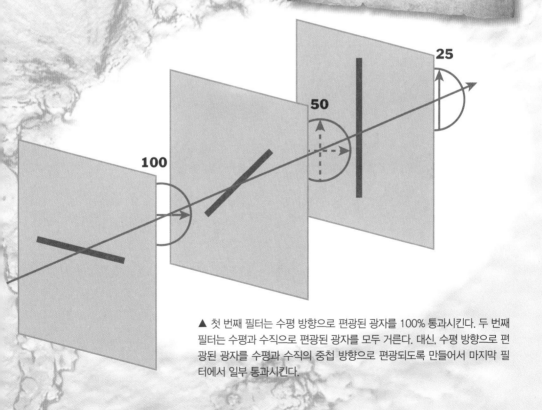

▲ 첫 번째 필터는 수평 방향으로 편광된 광자를 100% 통과시킨다. 두 번째
필터는 수평과 수직으로 편광된 광자를 모두 거른다. 대신, 수평 방향으로 편
광된 광자를 수평과 수직의 중첩 방향으로 편광되도록 만들어서 마지막 필
터에서 일부 통과시킨다.

시간 여행자

파인만 다이어그램을 이용하면 양자 입자는 공간적 경로를 자유롭게 선택할 수 있으며 시간의 제약도 받지 않는다.

일반적인 양자의 상호작용은 전자가 광자의 빛을 흡수했다가 잠시 뒤에 방출하는 것이다. 이 과정은 파란 하늘에서부터 우리 눈에 들어오는 물체가 반사한 빛까지, 모든 것에 통용된다. 하지만 '규칙'에는 광자를 방출한 전자가 과거의 시간으로 돌아갔다가, 광자를 흡수하고 다시 원래의 시간으로 돌아오지 말라는 법은 없다.

시간을 거슬러 이동하는 전자는 시간을 따르는 양전자와 물리학적으로 같다는 사실이 드러났다. 불가능해 보이는 이 논리는 전자/양전자 쌍을 생성하는 광자의 에너지로 볼 수 있다. 새로 생성된 양전자는 디랙(➡124쪽)이 예측했던 전자에 대응하는 반물질로, 기존의 전자와 결합해 새로운 광자를 생성한다. 따라서 이 세상은 광자와 전자로 시작하고 끝난다고 할 수 있다.

대부분의 물리학자는 양전자가 시간을

▲ 양전자는 위쪽 파인만 다이어그램의 중간 부분 직선에서 드러나듯 시간을 거스르는 전자로 표현할 수 있다.

빛이 물체에 '반사'되었다는 말은 사실 흡수되었다는 말인데 전자를 더 높은 궤도로 쏘아 올렸다가 다시 튀어 나간다.

거슬러 이동하는 전자라는 주장을 전적으로 믿지 않는다. 그러나 파인만 다이어그램의 배경이 되는 수식의 경우 슈뢰딩거 방정식에 허수를 사용하듯이 다이어그램으로 계산하는 것이 훨씬 유용할 수 있다.

▼ 공상 과학 소설에서 나타나는 시간 여행은 실제로 불가능할지 몰라도 시간을 거스르는 듯한 움직임은 물리학 고유의 특징이라고 할 수 있다.

반물질의 진실

• • • • • •

모든 반물질 입자는 파인만 다이어그램에서 시간을 거스르는 '일반' 입자로 나타낼 수 있다. 파인만은 시간을 거스르는 전자가 양전자만큼이나 확실하다고 주장했지만, 우리는 주변 세계가 시간에 순응하는 것을 경험하기 때문에 오직 양전자만 관측할 수 있다.

앞서가는 파동과 뒤처진 파동

양자 사건을 시간의 왜곡으로 바라보는 또 다른 시각에도 파인만의 손길이 남아있다.
맥스웰의 전자기장 방정식은 두 종류의 전자기 파동을 나타내는 두 개의 해를 구한다.
우리가 경험하는 뒤처진 파동과 시간을 거스르는 앞서가는 파동이다. 앞서가는 파동은
현실성이 없다는 이유로 무시되었다.

파인만과 그의 지도교수였던 미국의 물리학자 휠러(John Wheeler)는 두 번째 해가 실제로 존재한다고 생각했다. 이는 전자가 광자를 방출할 때 운동량 보존으로 인해 발생하는 반동(총알을 발사할 때 느껴지는 총의 반동처럼)으로 전자의 에너지가 무한대로 튀어

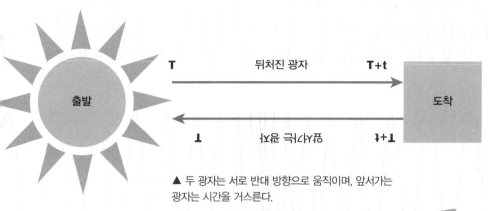

▲ 두 광자는 서로 반대 방향으로 움직이며, 앞서가는 광자는 시간을 거스른다.

버리는 문제를 해결할 수 있었다.

휠러와 파인만은 두 개의 파동이 나타난다고 주장했다. 전자가 두 개 있다고 가정하자. 첫 번째 전자가 진동하면 앞서가는 파동과 뒤처진 파동이 발생하며, 두 번째 전자 역시 두 개의 파동을 만들어낸다. 두 번째 전자에서 나온 앞서가는 파동은 첫 번째 전자까지 시간을 거슬러 이동하고, 두 개의 전자 사이를 제외한 모든 지역에서 파동은 상쇄된다. 따라서 전자 사이에 살아남은 두 파동이 서로를 보강하여 맥스웰 방정식의 해가 되며 전자의 에너지가 무한으로 발산하는 현상은 나타나지 않는다.

이론대로라면 앞서가는 파동을 이용해 시간을 거슬러 정보를 전달할 수 있지만, 실

휠러 역시 파인만처럼 대단한 인물이었다. 종종 휠러가 '블랙홀'이라는 용어를 만들었다고 믿는 사람이 있는데, 실제로는 누군가에게 들은 단어를 대중에 널리 알리기만 한 것이라고 한다.

용화하기 위해서는 빛을 거의 흡수하지 않는 공간과 먼 거리에서 흡수 물질의 빛 방출과 흡수를 제어하는 기술이 필요하다.

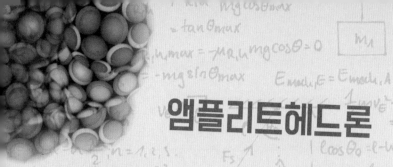

앰플리트헤드론

파인만 다이어그램은 광자와 중성자를 이루는 기본 입자인 쿼크와 글루온 사이의 상호작용을 설명하는 QCD처럼 복잡한 양자 입자의 상호작용에도 사용할 수 있다(→ 7장). 그러나 실제로는 상호작용이 너무 복잡하여 생각해야 할 다이어그램의 수가 걷잡을 수 없이 많다.

아직 완전한 개념은 아니지만, 더 복잡한 상호작용을 다룰 때 파인만 다이어그램을 대체할 수 있는 것은 앰플리트헤드론(amplituhedron)이다. 이는 삼각형 내부의 공간을 묘사하는 양의 그라스마니안(positive Grassmannian)이라는 수학적 구조에 바탕을 둔다. 앰플리트헤드론을 교차 평면으로 표현하는 공간을 포괄하도록 다차원으로 확장하면, 입자의 상호작용을 다방면으로 한꺼번에 다룰 수 있는 일종의 개량형 파인만 다이어그램을 만들 수 있다.

▼ 앰플리트헤드론의 발전 과정 중 하나는 '트위스터 공간'이라고 알려진 특수한 종류의 시공간 기하학에서 입자 상호작용 네트워크를 만들어내는 것이었다.

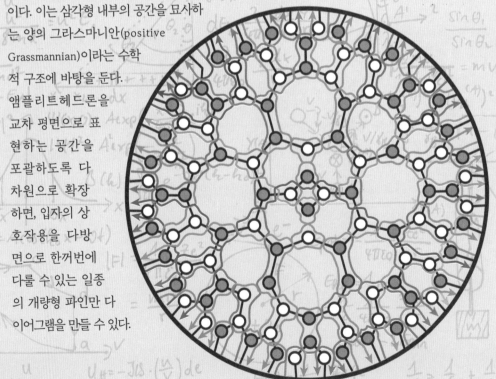

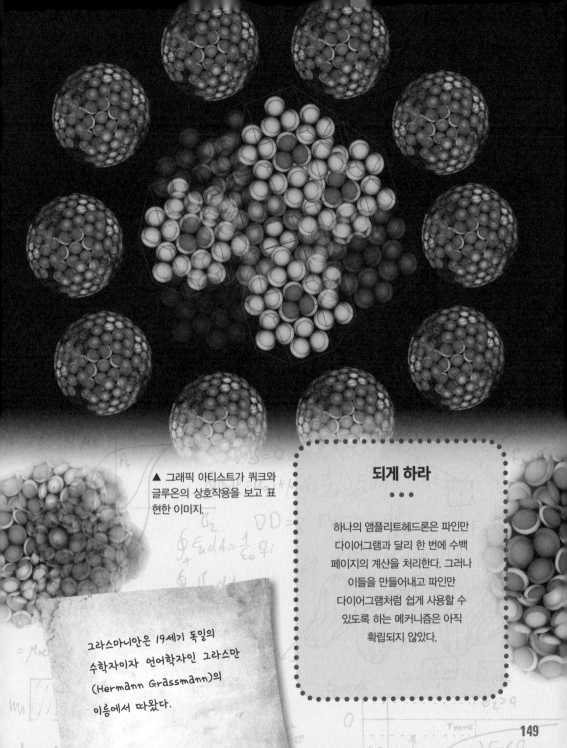

▲ 그래픽 아티스트가 쿼크와 글루온의 상호작용을 보고 표현한 이미지.

그라스마니안은 19세기 독일의 수학자이자 언어학자인 그라스만 (Hermann Grassmann)의 이름에서 따왔다.

CHAPTER 6

뒤얽힌 그물

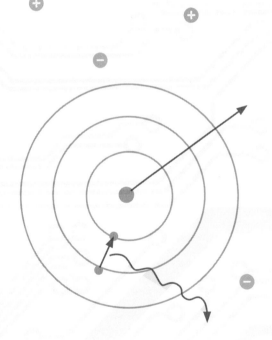

▶ 어쩌면 물리학에서 가장 신기한 현상일 수 있는 양자 얽힘(quantum entanglement)은 입자가 거리에 상관없이 서로에게 연결되어 있음을 보여준다.

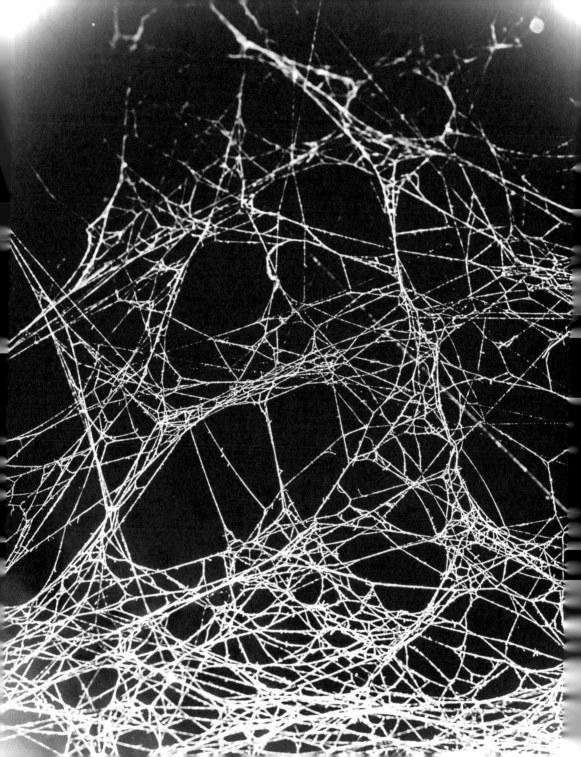

양자 스핀

QED는 양자 세계를 좀 더 쉽게 이해하도록 만들었지만, 여전히 괴이한 부분이 남아 있었다. 6장에서는 아인슈타인이 '으스스하다'고 묘사한 양자 얽힘에 초점을 맞추었다.

▲ 익숙한 물체는 축을 중심으로 어떠한 방향으로 든 회전할 수 있다.

양자 얽힘의 특성을 이해하려면 먼저 양자 입자의 특징인 스핀을 알아야 한다. 스핀은 비교적 간단한 개념이다. 우리는 지구의 자전이나 스핀을 넣은 탁구공처럼 회전하는 물체에 익숙하다. 양자 스핀이라고 부르는 이유는 과거에는 우리에게 익숙한 현상과 유사하다고 생각했었기 때문이다. 하지만 늘 그렇듯이 양자 세계에서의 상황은 아주 다르다.

양자 입자의 스핀 방향을 측정하면 업 혹은 다운으로 나타난다. 측정하지 않은 입자는 정해진 값이 아닌 '중첩' 상태에 있다. 예를 들어 한 입자의 스핀을 측정했을 때 40% 확률로 '업', 60% 확률로 '다운'이 나오는 식이다.

중첩은 직접 들여다보기 전에는 공중에서 돌고 있는 동전과 같이 정보를 거의 알 수 없다. 우리는 동전이 앞면 혹은 뒷면일 확률이 50:50

이라고 한다. 현실에서 동전은 하나의 값만 가지나, 우리는 확인 전까지 그 값이 무엇인지 알지 못한다. 중첩된 양자 상태에서는 오직 확률만 존재하기 때문이다. 입자는 관측하기 전까지 '업' 혹은 '다운' 중 어떤 상태도 아니며, 우리는 각 결과의 확률만 알아낼 수 있다.

양자 스핀은 독일의 물리학자 슈테른(Otto Stern)과 게를라흐(Walther Gerlach)가 1922년 고안한 슈테른-게를라흐 장치로 측정한다. 특이한 모양의 자석 한 쌍에 입자

아인슈타인은 양자 얽힘 현상을 'pukhafte Fernwirkung', 즉 '으스스한 원격작용'이라고 불렀다.

를 통과시켜 불균일한 자기장을 생성하고 반대되는 스핀을 가진 입자를 분리하는 실험이었다.

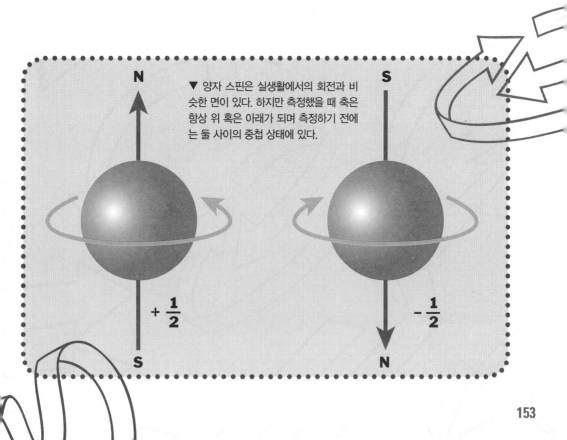

▼ 양자 스핀은 실생활에서의 회전과 비슷한 면이 있다. 하지만 측정했을 때 축은 항상 위 혹은 아래가 되며 측정하기 전에는 둘 사이의 중첩 상태에 있다.

$+\frac{1}{2}$

$-\frac{1}{2}$

창문의 신비

얽힘 이론의 탄생에서 빼놓을 수 없는 숨은 공신이 궁금하다면, 밤에 불이 켜진 방을 떠올려보라. 방 안에서 창문을 바라보면 실내의 모습이 비친다.

밖으로 나가 창문을 들여다봐도 실내가 보인다. 방에서 나오는 빛 대부분은 유리를 통해 바깥으로 나가지만 일부는 유리에 부딪혀 돌아온다. 광자는 유리의 표면에 도착할 때 자신이 가야 할 곳을 어떻게 알 수 있을까? 더 이상한 점은 광자가 유리의 두께를

▲ 방에서 나오는 빛 일부는 유리에서 반사되고 나머지는 통과하는데 이는 순전히 확률의 영역이다.

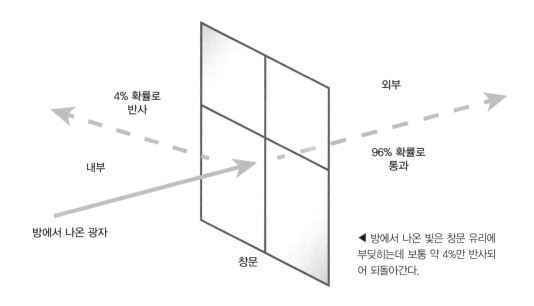

4% 확률로
반사

외부

내부

96% 확률로
통과

방에서 나온 광자

창문

◀ 방에서 나온 빛은 창문 유리에
부딪히는데 보통 약 4%만 반사되
어 되돌아간다.

알 도리가 없는데도 불구하고 유리의 두께
가 광자의 통과율에 영향을 미친다는 것
이다.

빛이 입자의 흐름이라고 생각했던 뉴턴은
광자의 선택적 반사를 설명할 수 없었다. 처
음에는 유리에 있는 흠집 때문이라고 생각
했으나, 연마 작업을 하더라도 별다른 변화
가 없었다. 우리는 이제 그것이 양자 효과 때
문임을 잘 알고 있다. 통과 여부를 정하는 광
자의 '결정'은 유리의 상태와는 상관없이 오

로지 확률의 영역이다.

광자의 확률 파동은 유리판 뒷면에도 닿
을 수 있는데, 파동의 통과 가능 여부는 유리
의 두께가 결정한다.

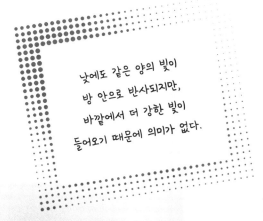

낮에도 같은 양의 빛이
방 안으로 반사되지만,
바깥에서 더 강한 빛이
들어오기 때문에 의미가 없다.

빔 분리기

일반 창문에 쓰이는 유리는 일부의 빛만 반사하고 나머지는 통과시키는데, 양자물리에서 자주 사용하는 '빔 분리기'의 간단한 형태라고도 할 수 있다. 유리 한 장은 대부분의 빛이 통과하므로 실험에서 빔 분리기 역할을 하기에 부족하지만 투과율이 낮은 거울의 경우 효과적인 빔 분리기로 사용할 수 있다.

이러한 거울은 보통 범죄 수사물의 경찰서 장면에서 자주 등장하는데, 한쪽만 거울이고 다른 쪽은 마치 유리처럼 반대편을 볼 수 있어 '양방향 거울'이라는 이름으로도 불린다. 양방향 거울은 보통 거의 모든 빛을 반사하므로 취조실 건너편의 조명은 어두워야 한다. 하지만 실험실의 경우 거울이 들어

'양방향 거울'의 정확한 명칭은 '반도금 거울'이다. 보통 은이 아닌 알루미늄으로 코팅하며 빛이 통과할 만큼 충분히 얇다.

◀ 빛이 반도금 거울에 부딪히면 대략 절반 정도의 광자가 반사되고 나머지 절반은 그대로 통과한다.

▲ 경찰서에 있는 양방향 거울.

오는 빛의 절반을 반사하는 상황이 가장 이상적이다. 오늘날의 양자 실험에 사용하는 보다 정교한 빔 분리기는 비슷한 효과를 발휘하는 여러 쌍의 프리즘을 접착제로 붙여서 만든다.

쪼개어 얽히는

• • • • • •

빔 분리기는 두 개의 광자가 상호작용을 일으켜서 '얽힘'이라고 하는 특별한 양자 상태로 들어가게 한다. 이 메커니즘은 먼 거리에서 즉시 상호작용하는 능력과 같은 특이한 성질을 가지도록 유도한다.

아인슈타인의 난제

양자물리의 확률적인 면을 혐오했던 아인슈타인은 양자 이론이 틀렸다는 사실을 입증하는 몇 가지 문제를 생각해냈다. 회의 기간에는 그는 거의 매일 아침 식사 때마다 보어에게 그러한 문제를 내밀었다. 보어는 그럴 때마다 오랫동안 생각에 잠긴 뒤 아인슈타인이 놓쳤던 부분을 지적하고 양자 이론이 틀리지 않았음을 환기시켰다.

보어가 1920년대 내내 아인슈타인의 공격을 훌륭하게 방어하자, 아인슈타인은 1935년에 양자 얽힘의 기묘한 성질을 이용하여 양자 이론을 무너뜨릴 최후의 공격을 준비했다. 보어가 가장 어렵게 느낀, 특정 시간에 광자

▲ 아인슈타인과 보어는 양자물리를 두고 자주 토론했다.

일반 상대성 이론

아인슈타인의 일반 상대성 이론은 공간과 시간에 대한 물질의 영향을 다루고 물질이 시간과 공간을 왜곡하거나 비틀어 중력과 같은 효과를 낸다고 예측한다. 이 이론은 강한 중력장의 영향권 아래에서 시간은 더 느리게 흐르기 때문에 행성에서 멀어질수록 시계는 점점 빨라진다고 주장했다.

를 방출하는 시계가 상자 안에 들어있는 문제였다. 겉보기에는 에너지와 시간을 동시에 측정할 수 있는 듯해서 불확정성 원리의 정당성을 침해하는 것처럼 보였다. 따라서 아인슈타인은 이 문제에서 불확정성 원리(→100쪽)가 통하지 않는다고 생각했고 양자 이론 전체는 무너질 위기에 처했다. 보어는 온종일

고뇌한 끝에 역설적이게도 아인슈타인 스스로가 일반 상대성 이론이 미치는 영향을 고려하지 못했음을 깨달았다. 해당 사고 실험은 아주 정밀한 시계에 의존한다. 광자의 방출은 상자 내부의 에너지를 줄이고, 에너지는 중력의 영향을 받는다. 상대성에 따라 시계가 받는 중력이 약해지며 시간이 빠르게 흐른다는 사실을 의미한다. 결국 시간 측정을 부정확하게 만들어 아인슈타인이 지적한 불확정성 원리의 문제점은 존재하지 않는다.

보어는 언제나 아인슈타인을 자신의 이론을 방해하는 악마로 생각했다. 어느날, 보어의 동료인 파이스(Abraham Pais)가 프린스턴 고등 연구소의 아인슈타인 연구실 옆방에서 보어의 연구 결과를 듣고 있었다. 보어는 창밖을 쳐다보며 '아인슈타인'이라는 말을 계속 중얼거렸다.

그 순간 아인슈타인이 조용히 방으로 들어왔다. 의사로부터 금연하라는 경고를 들었기 때문에 보어의 담배를 몰래 빌리러 온 것이다. 아인슈타인이 까치발로 보어의 책상 앞으로 가는 동안 보어는 계속 '아인슈타인'이라는 말만 중얼거리고 있었다. 아인슈타인이 책상에 도착했을 때, 보어는 마지막으로 우렁차게 "아인슈타인!"을 외치고 돌아서자마자 머릿속

으로 떠올리던 그 사람과 얼굴을 맞댔다. "코가 닿을 거리였어요. 마치 보어가 아인슈타인을 소환해낸 것처럼요. 보어는 마치 말하는 방법을 잊어버린 사람처럼 보였습니다."

아인슈타인이 시계 문제 내는 것을 지켜봤던 사람에 의하면 회의가 끝나고 아인슈타인이 '어딘가 얄궂은 미소'를 띠고 있었던 반면, 보어는 흥분한 표정을 감추지 못한 채 그 옆에서 빠르게 뒤따라갔다고 한다.

EPR

아인슈타인은 1935년에 두 젊은 물리학자 포돌스키(Boris Podolsky)와 로젠(Nathan Rosen)과 함께 쓴 논문에서 터무니없는 양자 얽힘의 존재를 주장하는 양자물리는 비이성적인 이론이라고 했다. 논문의 제목은 저자 세 명의 이름 첫 글자를 딴 'EPR'로 알려져 있다.

아인슈타인이 예전에 생각했던 문제들처럼 'EPR' 역시 사고 실험에 지나치게 치중해 있었다. 기존의 논문은 두 개의 다른 양자적 특징을 사용함으로써 지나치게 복잡했으나 개선한 두 번째 논문은 원래 하나였던 입자에서 생성된 두 개의 양자 입자를 가지고 설명했다. 두 입자는 반대 방향으로 먼 거리를 이동한다.

가상의 관측자가 한 입자의 스핀을 측정했더니 업이었다. 측정 전 각 입자는 중첩 상태,

즉 각각 50% 확률로 업 혹은 다운이 된다. 그러나 스핀은 물리학에서 보존되는 성질이고, 기존 입자의 스핀이 0이면, 두 번째 입자는 다운 상태여야 전체 스핀이 0이 된다. 결국 거리에 상관없이 자신의 스핀에 대한 정보를 서로 전달해야 한다는 뜻이 되는데, 이때 전달 속도가 빛의 속도를 능가할 수도 있기 때문에 양자물리가 틀렸다는 것이 'EPR'의 논리였다.

'EPR'의 실제 이름은 '물리적 실재에 대한

▼ 'EPR' 실험에서 서로 얽힌 두 개의 입자가 멀리 떨어져 있더라도 하나를 관측하는 행위는 다른 하나에 즉시 영향을 미친다.

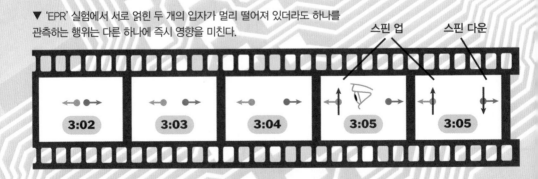

스핀 업   스핀 다운

3:02   3:03   3:04   3:05   3:05

▲ 아인슈타인, 포돌스키, 로젠.

아인슈타인은 기존의 'EPR' 논문에서 두 개의 양자적 특징을 사용하여 내용을 전개한 부분이 너무 저저분하다고 생각했다. 나중에 이 문제에 대해 "Ist mir Wurst"라고 말했는데, 직역하면 "그것은 내게 소시지다."이지만 이는 "더 이상 관심이 없다."라는 뜻이다.

양자물리의 서술이 완벽하다고 생각할 수 있는가이다. 이 논문은 "파동 함수가 물리적 실재에 대하여 정확한 서술을 하고 있지 않지만, 이러한 서술이 실제로 존재하는지에 대한 문제는 남겨두었다. 그러나 우리는 그러한 이론이 존재한다고 생각한다."라고 결론지었다. 여기서 '서술이 가능한 이론'이란 양자 이론처럼 측정하기 전에 확률을 알아내는 데서 그치지 않고 양자 입자의 모든 것을 알 수 있는 이론이다.

국소성

아인슈타인이 'EPR'을 만든 의도는 양자물리를 철저하게 압살하고자 한 것은 아니었으며, 대신 두 가지 선택지를 제시했다. 그는 이전에 'EPR' 실험에서 양자 입자가 50:50의 확률적 상태가 아니라 업인지 다운인지 확실하게 알 수 있는 상태에 있다고 생각했고, 이 정보는 접근 불가능한 곳, 소위 '숨은 변수'(→109쪽)에 숨겨져 있다고 주장했다.

어떤 물리학자는 이를 언제나 짝짝이 양말을 신는 베르틀만 박사에 비유했다. 만약 베르틀만 박사의 한쪽 양말이 초록색이라는 사실을 안다면, 반대쪽 양말은 확인하지 않아도 초록색은 아니라는 뜻이다.

정보는 그곳에 있지만 숨겨져 있을 뿐이다. 'EPR'은 양자물리가 틀렸고 숨은 변수가 존재하거나, 아니면 국소성의 개념을 잊어버려야 한다고 주장했다.

▲ 직접 보지 않아도 베르틀만 박사의 다른 쪽 양말이 초록색은 아니라는 사실을 알 수 있다.

국소성은 두 물질 사이에 의사소통이 없으면 먼 거리에서 서로에게 영향을 끼칠 수 없는 성질이다. 뉴턴의 중력이 동시대 사람들에게 의심을 받았던 이유도 국소성 때문이었는데, 지구가 먼 거리에서 달을 '유혹'한다는 생각을 으스스한 효과라며 비웃었다. 물리학자들은 일반 상대성 이론이 '먼 거리에서 일어나는 작용'을 요구하지 않는 중력의 메커니즘을 제공했을 때 안도의 한숨을 내쉬었다. 'EPR' 논문은 국소성을 숙고한 끝에 "실재에 대한 합리적인 정의는 이러한 현상을 허락할 수 없다."라는 결론을 내렸다.

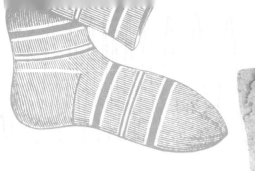

북아일랜드 출신 물리학자 벨은 '베르틀만의 양말과 실재의 본성'이라는 이름의 논문을 《Journal de Physique》에 게재했다.

▲ 자연에서 A에서 B로 가는 물체는 먼 거리에서의 작용을 유발한다.

원격 작용은 없다

얽혀 있는 두 입자가 즉시 상호작용하는 원격 작용은 물리학에서 일반적으로 볼 수 없다. 우리가 방 건너편의 소리를 들을 수 있는 이유는 음파를 전달하는 공기가 있기 때문이다. 자기력 같은 경우, 자석이 금속 조각을 끌어당기는 것처럼 보이는데 사실 중간에 전자기력을 전달하는 광자의 흐름이 존재한다. 하지만 얽힘은 이에 대응하는 것이 없다.

벨 부등식

'EPR'에 대한 반응은 대체로 떨떠름했다. 보어는 논문의 요점을 이해할 수 없다고 불평했다. 그리고 양자 이론이 실재를 매우 정확하게 나타낼 수 있다는 사실이 알려지면서 이들의 논문은 큰 관심을 받지 못했다. 그러나 1960년대에 스위스 제네바 근처에 위치한 유럽 입자 물리 연구소(CERN) 소속의 물리학자 벨(John Bell)은 'EPR'에 뒤늦게 흥미를 느꼈다.

앞서 언급된 베르틀만 박사 이야기를 떠올리기도 했던 벨은 양자물리의 확률적 측면을 내켜 하지 않았던 아인슈타인에게 깊이 공감하고 있었다. 당시까지 숨은 변수와 으스스한 원격 작용의 차이를 드러낼 방도가 없었기 때문에 아무도 'EPR' 사고 실험을 실제로 실행하지 않았다.

벨은 쉬는 시간에 서로 다른 방향을 향하는 여러 쌍의 탐지기를 이용한 복잡한 실험을 고안해냈다. 실험 결과가 '벨의 부등식'이라고 정의한 범위를 벗어난다면, 숨은 변수는 존재하지 않으며 양자물리는 아인슈타인의 마지막

> 벨은 양자물리에서의 확률에 관해 다음과 같이 말했다. "처음에는 의심의 여지가 있다는 생각을 하지 않으려 했지만, 얼마 가지 않아 완전히 틀렸다는 사실을 깨달았다."

▼ CERN은 벨이 양자 얽힘에 대한 실험을 고안해낸 곳으로, 현재는 대형 강입자 충돌기가 자리 잡고 있다.

▲ 벨의 실험에서는 얽힌 전자를 다양한 각도에서 측정한다.

45°

맹공을 막아냈다는 의미가 되는 것이었다. 당시 여건상 실험을 진행할 수는 없었지만, 아인슈타인을 심판대 위로 올릴 준비를 마친 셈이었다.

하지만 벨이 실험을 고안한 의도는 아인슈타인이 틀렸음을 보이려던 것이 아니었다. 벨은 아인슈타인의 논리가 반드시 보어의 모호한 주장을 논파해야 한다고 생각했으며 양자 이론의 실패를 원했다. 하지만 실험 자체는 대단히 객관적이었고 어느 한쪽으로 치우친 결과가 나타나도록 유도하지도 않았다. 결과적으로 아주 공정한 양자택일의 실험을 만들어낸 것이다. 실험을 실제로 진행할 수만 있다면, 으스스한 원격 작용이 실제로 존재하는지 정확하게 밝혀내는 것은 시간문제였다.

▼ 벨은 CERN에서 근무 외 여가 시간을 활용해 양자 얽힘의 '으스스한 원격 작용'을 증명하는 실험을 고안했다.

아스페의 놀라운 실험 기구

벨은 이론만 세웠을 뿐, 본업은 CERN의 물리학자였으며 양자 얽힘은 자신의 업무와 관련이 없었다. 그러나 1970년대 초, 프랑스의 젊은 물리학자 아스페가 벨의 난제에 도전한다. 그는 비교적 한가한 저녁 시간마다 벨 부등식을 실험할 방안을 고심했다.

얼마 뒤, 한 쌍의 탐지기를 이용해 벨의 실험을 현실로 옮길 수 있는 장비를 만들어냈다. 가장 까다로웠던 문제는 두 탐지기 사이에 서로 통신이 일어나지 않도록 만드는 것이었는데, 탐지기끼리 즉시 소통할 수 있다면 실험의 의미가 없어지기 때문이었다.

아스페는 얽힌 양자가 이동하는 동안 탐지기의 방향을 바꾸면 통신을 막을 수 있다고 확신하여 탐지기를 1초에 수백만 번 뒤집어야 한다고 생각했다. 아스페가 생각해낸 해결책은 변환기였다. 변환기는 확성기에서 고깔이 진동하게 만드는 부품이다. 변환기가 만들어낸 압력이 물의 굴절률을 바꾸었고 물을 통과

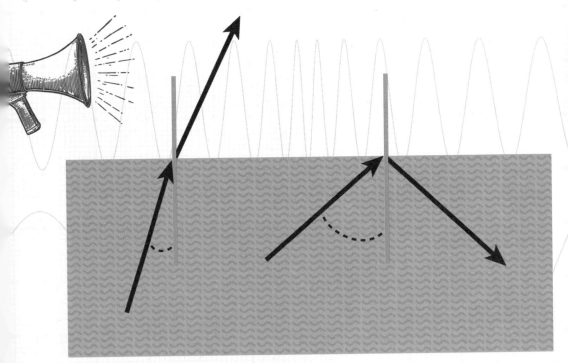

▲ 빛은 물이 압력을 받지 않으면 물 밖으로 나가지만 변환기가 물에 압력을 가하면 안으로 반사된다.

▲ 아스페(Alain Aspect).

하던 빛의 방향도 이에 따라 변했다.

아스페는 이러한 원리를 사용해 탐지기 사이를 이동하는 빛의 방향을 초당 2천 5백만 회 바꾸어 탐지기끼리 정보를 전달할 시간을 주지 않았다. 실험 결과는 숨은 변수가 없다는 것을 보여주었다. 양자 얽힘은 존재했다. 이후 더 정교한 장비로 진행한 실험 또한 아스페의 실험 결과에 힘을 실어주었다.

아스페는 물리학 박사
학위를 받은 뒤 카메룬에서
3년간 조교로 일하는 동안
자신의 실험을 구상해냈다.

실시간 통신

양자 얽힘을 완벽하게 이해했다면, 어떻게 응용할 수 있을지 쉽게 떠올릴 수 있을 것이다. 한 입자의 변화는 거리에 상관없이 다른 입자에 즉각 반영되기 때문에 얽힘 현상을 이용하면 장소의 제약 없이 어디로든 즉시 통신할 수 있을 것이다.

지구 내에서의 일반적인 통신의 경우, 보통 송수신에 걸리는 시간은 큰 문제가 되지 않는다. 하지만 우주 단위로 넘어가면 얽힘이 아주 유용할 것이다. 화성 임무의 경우, 빛

빛보다 빠른 메시지

· · · · · · · ·

놀랍게도 장소의 제약 없이 실시간으로 메시지를 보낼 수 있는 기술이 실제로 존재한다면, 시간을 거슬러 정보를 전달할 수 있는 메커니즘이 가능하다.

특수 상대성 이론에 따르면 우주선과 같이 움직이는 물체는 정지해 있는 한 장소의 시간보다 느리게 간다. 빛에 가까운 속도로 움직이는 우주선을 발사했다고 가정하자. 지구의 시간이 12시라면 우주선의 시간은 11시 30분 쯤일 것이다. 그렇다면 지구에서 우주선으로 보낸 실시간 메시지는 30분 정도 시간을 거스르는 것이다. 이 효과의 역도 성립하므로 우주선의 관점에서는 지구의 시간이 느리게 간다. 따라서 11시 30분에 우주선에서 보낸 답신은 지구의 시간보다 더 이른 시간에 도착한다.

◀ 지구에서 화성으로 메시지를 보내면 도착하기까지 20분이 걸린다. 따라서 화성에서 회신을 받기까지는 총 40분이 걸린다.

▲ 우주선의 시간은 지구보다 느리게 흐르며 지구의 시간은 우주선보다 빠르게 흐른다. 지구에서 우주선으로 보낸 메시지는 과거로 향한다.

의 속도로 메시지를 보내더라도 지구에서 화성까지 20분이나 걸리므로 원격으로 탐사선을 조종할 수 없다. 전산 분야에서는 정보 전달 중 발생한 아주 작은 지연도 전체 과정에는 큰 영향을 미친다.

유감스럽게도 양자 얽힘 현상이 일종의 실시간 의사소통을 수반하지만 완전히 무작위적인 현상이라 제어할 방법이 없다. 양자 얽힘 현상을 위와 같은 목적으로 활용할 방

특수 상대성 이론은 시간의 흐름이 상대 속도에 달려 있음을 보여준다. 움직이는 물체끼리 실시간 메시지를 주고받을 수 있다면, 기존의 통신 수단을 대체할 수 있다.

안을 찾으려는 많은 시도에도 불구하고 지금까지 아무도 무작위성의 한계를 극복하지 못했다.

양자 암호화

양자 얽힘을 이용한 실시간 통신은 불가능할지도 모르지만, 양자 암호화와 같은 활용 가능성이 보이는 많은 분야가 존재한다.

메시지의 글자마다 무작위 요소를 부여해 해석할 수 없도록 암호화하는 기술은 오래전부터 가능했지만, 이 같은 '일회용 암호'는 수신자가 암호키가 있어야지만 해독할 수 있으며, 이 암호키는 항상 도난의 위험에 놓여있다. 양자 얽힘으로 무작위 암호 키를 만들면 안전하게 전달할 수 있다.

▲ 2차 세계대전의 에니그마 기계나 보안 웹사이트에서 사용하는 암호화는 패턴이나 수학적 단서가 있기 때문에 풀어낼 수 있지만, 일회용 암호는 완전히 무작위적이다.

▶ 웹에서 사용하는 암호화를 해킹하려면 많은 수로 이루어진 요소를 전부 찾아내야 하므로 매우 안전한 편이지만 난공불락은 아니다.

'스핀 업' 혹은 '스핀 다운'처럼 입자 사이의 통신 값은 무작위로 결정되어 뚫을 수 없는 암호키를 생성할 수 있다. 이 값은 공유하기 전까지는 존재하지 않으므로 키를 도중에 가로챌 수 없다. 해커가 얽힌 입자 사이의 통신을 읽어서 입자가 정보를 수신하기 전에 값을 알아내려고 한다면, 얽힘의 붕괴가 감지되고 정보가 유출되기 전에 통신을 끊을 수 있다.

해독 불가능한 일회용 암호는 20세기 초, 미국의 공학자 베르남(Gilbert Vernam)과 미 육군 통신대 소속 마우보르뉴(Joseph Mauborgne)가 개발했다. 당시에는 양자 암호키 분배 기술의 혜택을 받지 못했다.

양자 위성

양자 얽힘 기반의 암호화를 상업적으로 이용할 수 있는 날이 곧 오겠지만 입자의 얽힘을 제어하기는 쉽지 않아 상용화 과정은 아주 까다로울 것으로 보인다. 입자 간에 상호작용할 기회가 생기면, 거의 모든 경우 얽힘을 잃기 때문이다.

양자 얽힘 관련 초기 실험을 진행하면서 얽힌 광자를 비엔나와 다른 지역으로 여러 차례 나누어 보내는 동안, 은행으로 돈을 송금하라는 내용의 암호화 된 메시지를 전송하는 데 성공했다. 시간이 지나면서 실험의 규모가 커지고 점점 넓은 범위에서 진행되었다. 최근에 이루어진 발전을 보면 얽힌 양자를 사용하는 위성과 같이 훨씬 광범위한 양자 기술의 사용을 볼 수 있다.

양자 위성은 얽힘 기반의 암호화를 위해 먼저 데이터를 지구로 보낸다. 지구상의 두 송신소에서 얽힌 한 쌍의 입자를 하나씩 나누어 여러 차례 받는다. 이러한 과정으로 키를 전달하면 안전하게 통신할 수 있다. 2016년 8월, 중국이 발사한 첫 번째 양자 통신 위성 '묵자'는 '양자 인터넷'으로 가는 첫 발걸음으로 묘사되며, 최대 1,200킬로미터 떨어진 두 장소에 양자 입자를 분배할 수 있다.

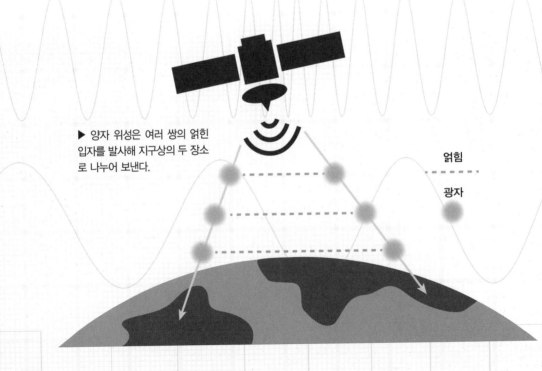

▶ 양자 위성은 여러 쌍의 얽힌 입자를 발사해 지구상의 두 장소로 나누어 보낸다.

얽힘

광자

▲ 묵자 위성(QUESS, Quantum Experiments at Space Scale) 발사 장면.

비엔나 은행 송금 시연에서,
오스트리아의 물리학자 차일링거는
팀원들과 영화 '제3의 사나이'에
등장하는 하수도를 통해
광케이블을 가동했다.

양자
순간 이동

양자 얽힘의 가장 인상적인 능력은 순간 이동
이다. 영화 '스타트렉'에 등장하는 원격 전송
장치의 작은 형태라고 볼 수 있다.

보통 양자 입자의 정확한 상태를 찾는 것은
스핀 업이나 스핀 다운과 같은 서로 다른 상
태의 중첩에 있다가 측정하는 순간 하나로 결
정되므로 불가능하다. 하지만 얽힘을 이용해
아무도 측정하지 않은 채로 정보를 전송한다
면 한 양자 입자에서 다른 입자로 전달할 수
있다. 순간 이동이 끝나면 다른 곳에서 불러낸
입자는 원본과 완전히 똑같은 복사본이 된다.

사람을 순간 이동시키는 기술이
개발되더라도 매력적이지는 않을
것이다. 순간 이동은 엄밀히 말하
면 전송이 아니라 원본을 파괴한
뒤 정확히 같은 상태 정보를 가진
복사본을 만들어 내는 과정이다.

▲ 가상의 존재인 웜홀은 빛보다 빠르게 움직일 수 있는 메커니즘을 제공하지만, 양자 순간 이동은 빛의 속도를 뛰어넘을 수 없다.

양자 전송 컴퓨터

· · · · · · · · ·

양자 전송은 한 번에 한 개 이상의 분자를 전송할 수 없다는 한계가 있다. 하지만 양자 컴퓨터(➜ 284쪽) 작동에 빠질 수 없는 기술이며, 시스템 내에서 정보를 전달하는 용도로 사용한다.

얽힘의 순간적인 특성 때문에, 양자 전송이 빛보다 빠르다는 주장이 제기되어 왔다. 하지만 전송 과정은 즉각적인 얽힘과 전파나 인터넷처럼 데이터 전송에 사용하는 기존 방식을 모두 수반하기 때문에 현실적으로 광속의 벽은 넘을 수 없다.

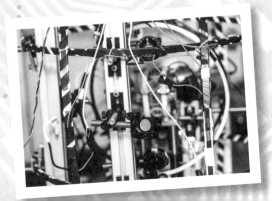

▶ 양자 컴퓨터의 연구 개발.

양자 제논 효과

나중에 다루겠지만, 양자 효과는 생물체에서도 나타난다. 어떤 의미에서 모든 생물학은 원자와 분자가 기반이므로 생물학의 기초도 양자라고 할 수 있다. 최근에는 양자 효과를 이용한 많은 생물 메커니즘이 존재한다는 사실이 알려졌다.

새는 지구의 자기장을 읽어 먼 거리를 이동하는 대표적인 사례이다. 지금까지 새의 눈(→240쪽)에 있는 양자 얽힘에 기반한 것일지도 모른다는 주장이 있었으나 따뜻하고 습기 많은 생물학적 환경 속에서 양자가 제 기능을 할 만큼 오래 얽혀 있을 가능성은 거의 없어 보인다.

하지만 변화가 실제로 존재하지 않는다고 생각한 그리스의 철학자 제논(Zeno)의 이름을 딴 '양자 제논 효과'라는 현상이 있다. 양자 입자는 보통 확률의 집합이나 측정하면 특정한 값을 취한다. 결국 값이 크게 변동할 틈을 주지 않고 짧은 시간 간격으로 반복해서 측정하면 "지켜보는 냄비는 끓지 않는다."는 말처럼 측정값이 크게 변하지 않는다. 새의 전자가 계속 얽혀 있는 이유도 어쩌면 여기에 있을지 모른다.

운동에 관한 제논의 가장 유명한 주장은 아킬레스와 거북이의 달리기에 관한 내용이다. 아킬레스와 거북이가 달리기 시합을 하되, 속도가 훨씬 느린 거북이가 아킬레스 앞에서 출발한다. 아킬레스가 거북이가 출발했던 지점에 도착하면, 그동안 거북이는 앞서 있다. 다시 아킬레스가 거북이가 있던 위치로 가면, 다시 거북이는 아킬레스의 앞에 있다. 아킬레스는 거북이보다 빠르게 달리지만, 절대 거북이를 따라잡을 수 없다.

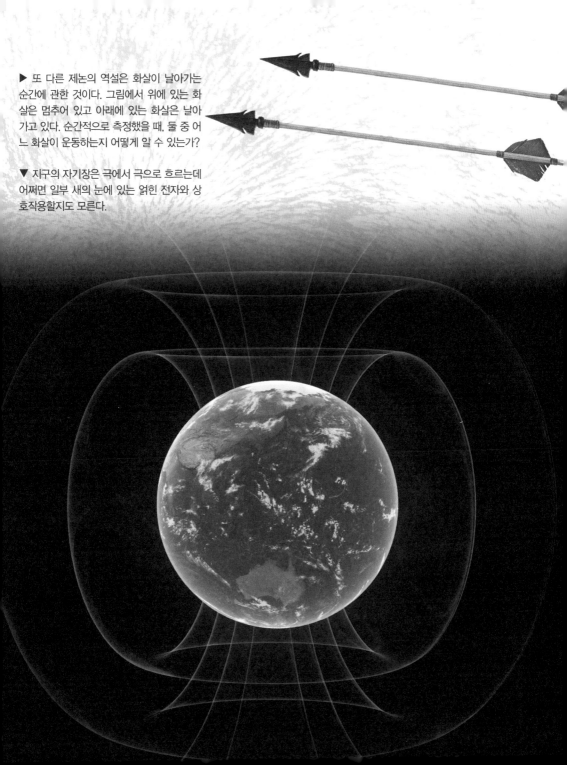

▶ 또 다른 제논의 역설은 화살이 날아가는 순간에 관한 것이다. 그림에서 위에 있는 화살은 멈추어 있고 아래에 있는 화살은 날아가고 있다. 순간적으로 측정했을 때, 둘 중 어느 화살이 운동하는지 어떻게 알 수 있는가?

▼ 지구의 자기장은 극에서 극으로 흐르는데 어쩌면 일부 새의 눈에 있는 얽힌 전자와 상호작용할지도 모른다.

CHAPTER 7

절대 기준

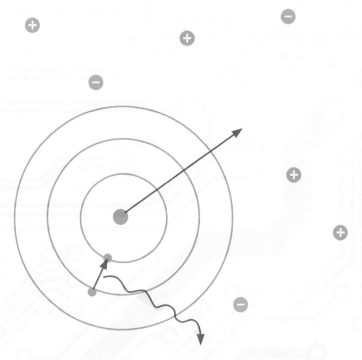

▶ 대형 강입자 충돌기에 설치한 수많은 탐지기 중 일부의 모습. 입자 물리학을 폭넓게 이해하기 위한 핵심 실험에 사용한다.

어디에나 있는 반물질

모든 소립자는 양자 입자이나, 입자 물리학은 소립자의 양자적 본질에 대해서는 깊게 다루지 않는다. 대신 소립자의 정의와 서로 간의 관계 정립에 집중하여 입자 물리학은 결국 표준 모형 설립에 성공했다.

전자의 반물질로서의 양전자에 대한 디랙의 개념(➔ 124 쪽)을 확장하고 모든 '보통' 입자의 반입자를 증명하는 작업은 반드시 필요했다. 입자가 물질을 만들듯이 반입자 역시 반물질을 만드는 것으로 묘사된다. 오늘날의 우주론은 물질이 원래 에너지에서 형성되었다고 주장한다. 에너지가 쌍생성을 통해 물질로 변환되려면 우주에는 물질만 큼이나 많은 반물질이 존재해야 한다.

◀ 초기 물질의 흔적은 빅뱅의 여운인 우주 마이크로파 배경복사에서 찾아볼 수 있다.

우주 전체를 볼 수 없어 확인할 수는 없지만, 이론적으로는 '반물질로만 이루어진 우주'가 존재한다.

우리는 자연의 반물질을 오직 극소량만 보기 때문에 우주의 반물질이 어디로 사라졌는지에 대해 추측이 무성하다. 가장 유력한 설은 과거 물질과 반물질 사이의 약간의 불균형으로 물질이 반물질보다 조금 더 생겨났으며, 물질이 압도적으로 많이 남게 되었다는 것이다.

▼ 중성자나 양성자 같은 합성 입자가 작은 물질이나 반물질 쿼크로 이루어졌듯이 모든 소립자는 반입자 짝을 가지고 있다. 양성자의 반입자인 반양성자는 음전하를 띠며, 반중성자는 중성자와 같이 전기적으로 중성이지만 양자적 특성에서는 차이를 보인다.

전하	물질			반물질			전하
$+\frac{2}{3}$	**u** 업 쿼크	**c** 참 쿼크	**t** 탑 쿼크	**ū** 반-업 쿼크	**c̄** 반-참 쿼크	**t̄** 반-탑 쿼크	$-\frac{2}{3}$
$-\frac{1}{3}$	**d** 다운 쿼크	**s** 스트레인지 쿼크	**b** 바텀 쿼크	**d̄** 반-다운 쿼크	**s̄** 반-스트레인지 쿼크	**b̄** 반-바텀 쿼크	$+\frac{1}{3}$
0	υe 전자 중성미자	$\upsilon \mu$ 뮤온 중성미자	$\upsilon \tau$ 타우 중성미자	$\bar{\upsilon} e$ 반-전자 중성미자	$\bar{\upsilon} \mu$ 반-뮤온 중성미자	$\bar{\upsilon} \tau$ 반-타우 중성미자	0
-1	e^- 전자	μ 뮤온	τ 타우	e^+ 양전자	$\bar{\mu}$ 반-뮤온	$\bar{\tau}$ 반-타우	+1

쿼크 (좌측) / 쿼크 (우측)

렙톤 (좌측) / 렙톤 (우측)

가속기와 충돌기

대부분의 입자 물리학 실험에서는 언뜻 보면 너무 단순하다는 생각이 드는 접근법을 수반한다. 우리는 입자에 무슨 일이 일어나는지 직접 볼 수 없으므로 특별한 방법을 사용해야 한다. 비유하자면 시계의 원리를 이해하기 위해 시계를 커다란 망치로 내려친 다음, 슬로우 모션으로 튀어나오는 부품을 촬영하는 것과 비슷하다.

입자 물리학자가 쓰는 망치는 가속기와 충돌기로 보통은 함께 쓴다. 먼저 입자를 매우 빠르게 가속한 다음, 다른 움직이는 입자 또는 고정된 표적에 충돌시켜 결과의 잔해를 촬영하고 분석한다.

최초의 원형 가속기는 사이클로트론이다. 1920년대에 독일에서 만들어졌으며 1932년 로렌스가 미국에서 처음으로 가동했다.

▲ 1930년대에 자신의 첫 사이클로트론을 들고 있는 로렌스(Ernest Lawrence).

강입자에 관하여

• • • • • • • •

LHC의 '강입자'는 쿼크라고 불리는 두 개 이상의 소립자로 이루어졌으며, 양성자, 중성자, 중간자를 포함한다. 렙톤의 경우 그 자체도 소립자로 분류되며 전자가 렙톤에 해당한다. LHC의 이름에 '강입자'가 붙은 이유는 예전에 같은 터널에서 전자와 양성자를 가속시켰던 사실이 있기 때문에 이를 구별하기 위한 것이다. 오늘날 시설에서 가속하는 강입자는 양성자이다.

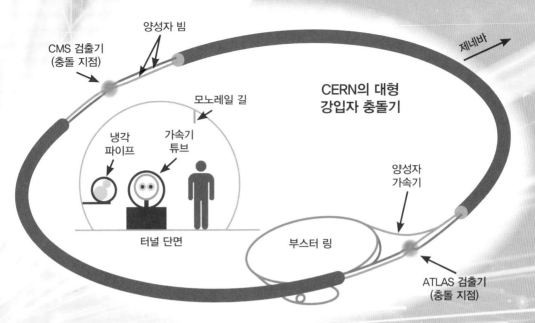

양성자 빔

CMS 검출기
(충돌 지점)

제네바

모노레일 길

CERN의 대형
강입자 충돌기

냉각
파이프

가속기
튜브

양성자
가속기

터널 단면

부스터 링

ATLAS 검출기
(충돌 지점)

▲ CERN에 있는 대형 강입자 충돌기의
간단한 구조.

▼ 고성능의 충돌기 안에서는 초당 수백만 번의
충돌이 일어난다.

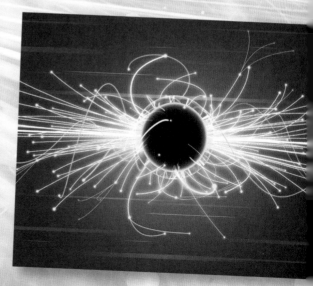

대전 입자는 전기장과 자기장을 통과하면서 가속된다. 과거에는 직선(선형 가속기)으로 운동하게끔 설계했지만, 곡선 궤도를 지날 때마다 힘을 가해주면 훨씬 작은 공간에서도 가속을 받을 수 있다고 알려지면서 오늘날에는 원형 가속기를 주로 사용한다. 가장 잘 알려진 가속기는 CERN에 있는 대형 강입자 충돌기(LHC)다. 원 모양의 고리 궤도 길이는 27킬로미터이며, 수많은 탐지기 앞에서 충돌하기 전에 빛에 필적하는 속도로 입자를 가속한다.

우주에서 내려오는 입자

최첨단 가속기조차 자연에서 나타나는 가속도를 구현해낼 수 없다. 최초로 연구했던 고속 입자는 우주선에 있었는데, 우주선은 먼 우주에서 날아와 지구 대기 원자에 충돌하는 높은 에너지를 가진 입자의 흐름이다.

우주선에서 양전자와 다양한 양자 입자를 처음 발견했으며, 특수 상대성 이론의 시간 왜곡 현상이 증명되기도 했다. 빠르게 움직이는 물체의 시간은 느리게 가므로 우주선 안에서는 수명이 짧은 입자도 오랫동안 생존할 수 있다. 예를 들어 우주선이 상층 대기에 부딪히면서 만드는 소립자인 뮤온은 전자와 성질이 비슷하지만 더 무겁다. 뮤온의 수명은 아주 짧아 발생 즉시 바로 붕괴

▲ CERN에 설치한 대형 거품 상자인 BEBC. 고에너지 가속기에서 만들어낸 입자를 연구하기 위해 1970년대에 설치했다.

◀ 1930년대 초의 거품 상자.

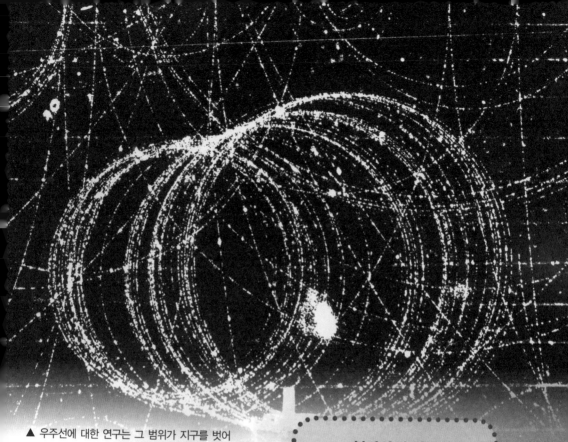

▲ 우주선에 대한 연구는 그 범위가 지구를 벗어
나게 되었고, 우주선을 관측하기 위해 특수 제작한
풍선을 고층 대기로 날려 보내기도 했다.

해야 하지만, '시간 지연' 효과로 인해 지면
에서도 검출할 수 있다.

우주선이 가속기보다 입자를 빠르게 가속
할 수 있으나 과학자들은 입자와 에너지를
통제할 수 있는 가속기에서 실험하는 것을
선호한다.

불가사의 광선

• • • • •

모든 우주선의 출처를 완벽하게 밝혀내
지는 못했으나, 우주선 일부가 초신성에
서 생성되어 지구에 충돌하기 전 은하계
를 가로지르면서 속도가 빨라지는 것으
로 추측된다.

우주선에 대한 첫 번째 본격적인
연구는 독일의 물리학자이자 신부였던
볼프(Theodor Wulf)에 의해
1909년 에펠탑에서 진행되었다.

캘리포니아 공과 대학에서 미국의 물리학자 네더마이어(Seth Neddermeyer)와 함께 연구하던 앤더슨은 1936년 최초로 뮤온을 발견했는데, 그는 처음으로 양전자(→126쪽)를 찾아낸 사람이기도 하다.

입자 동물원

소나기처럼 내리는 우주선과 가속기의 충돌에서 발생하는 입자에 대한 연구가 진행되면서 소립자는 사람들의 관심을 끌어모았다.

1930년대 중반에는 물질을 이루는 양성자, 전자, 중성자와 독특한 성질의 중성미자, 빛의 광자가 모여 우주를 이룬다는 단순명료한 생각이 자리 잡고 있었다. 하지만 충돌로 발생한 입자의 소나기는 엄청난 수의 새로운 입자를 포함하고 있어 이 입자 목록을 보고 '입자 동물원'이라는 별칭이 붙었다.

1897	1899	1919	1932	1932
톰슨의 전자 발견	우라늄 방사에서 러더퍼드의 알파 입자 발견	러더퍼드의 양성자 발견	채드윅의 중성자 발견	앤더슨이 첫 번째 반물질인 반전자 (혹은 양전자) 발견

이 목록에 추가된 첫 번째 새로운 입자는 1936년 우주선에서 발견한 뮤온이며, 1940년대부터 파이온과 케이온(이후 둘 다 중간자로 확인), 그리고 제이 중간자(J meson), 타우 중간자(tau meson), 입실론 중간자(upsilon meson) 등이 추가되었다.

한때는 소수의 소립자로 구성되어 있다고 믿었던 우주가 사실 별 뚜렷한 관계가 없는 엄청난 수의 입자들로 무질서하게 이루어졌음이 밝혀졌다. 입자 동물원은 매혹적이었으나 동시에 학문적인 좌절을 느끼게 했다.

새로운 입자

• • • •

뮤온은 전자와 같은 계열이나 훨씬 무겁다. 새로 발견된 많은 입자는 중간자로, 중간자는 쿼크라고 불리는 소립자 쌍들로 구성되며 하나의 쿼크와 하나의 반 쿼크로 이루어져 있다. 일반적인 중간자는 서로 다른 '맛깔'을 가진 쿼크와 반 쿼크를 가진다(➜ 192쪽). 그렇지 않을 경우 에너지를 내뿜으며 아주 빠르게 붕괴한다.

CERN

1936

네더마이어, 앤더슨, 스트리트, 스티븐슨의 뮤온(혹은 뮤 입자) 발견

1969

양성자와 전자의 심층 비탄성 산란실험으로 파톤 관측

1983

루비아, 판 데르 메르, CERN의 UA1팀이 W입자와 Z입자 발견

1995

페르미 국립 가속기 연구소(Fermilab)에서 탑 쿼크 발견

2012

CERN의 연구팀이 대형 강입자 충돌기에서 예측했던 특징을 거의 모두 가진 힉스 입자 발견

대칭의 법칙

입자 동물원에서 벌어지는 일을 이해할 실마리는 대칭성이라는 수학적 개념에서 비롯되었다. 자연은 종종 대칭의 법칙에 따르는 것처럼 보였고 과학자들은 단순히 물질과 반물질처럼 단순히 거울에 비친 듯한 대칭성보다 더 정교한 개념을 적용하여, 겉보기에 서로 다른 입자들이 아무렇게나 섞여 있는 듯한 동물원에서 규칙을 찾기를 바랐다.

미국의 물리학자 겔만(Murray Gell-Mann)은 불교 용어를 따서 자신의 접근법에 '팔정도(八正道)'라는 이름을 붙였다. 겔만은 스핀과 같은 양자적 특징을 기준으로 소립자를 여덟 개의 조로 정리할 수 있다고 생각했고,

SU(3) 대칭군으로 불리는 수학적 구조의 대칭성을 반영하여 접근법을 완성했다.

팔정도의 기저에 깔린 대칭성은 대표적으로 전자, 광자, 그리고 알 수 없는 성질을 가진 입자를 포함한 세 가지 근본적인 입자의

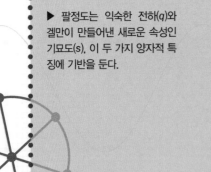

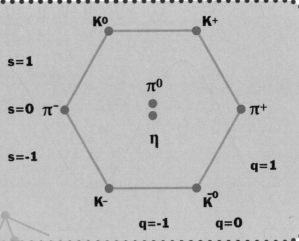

▶ 팔정도는 익숙한 전하(q)와 겔만이 만들어낸 새로운 속성인 기묘도(s), 이 두 가지 양자적 특징에 기반을 둔다.

집합이 존재한다는 사실을 시사하는 것처럼 보였다. 겔만의 수학적 분석은 친숙한 양성자나 중성자보다 더 기본적인 무언가가 존재한다는 명확한 증거를 내놓았고, 실제로 새로운 많은 입자들이 더 간단한 입자의 조합으로 이루어져 있어 입자 동물원의 단순화에 기여했다고도 볼 수 있다.

대칭성은 물리학의 많은 부분에서 빠질 수 없는 개념이다. 보존 법칙은 시간과 공간의 다양한 대칭성이 반영되어 있다. 보존 법칙은 닫힌계의 에너지 총합을 비롯해 다양한 양이 변할 수 없다고 명시한다. 독일의 수학자 뇌터(Emmy Noether)는 20세기 초에 이 같은 법칙이 대칭에서 나온 것임을 증명했다.

운동량 보존은 공간을 통해 대칭을 이루기 때문에 일어난다. 왼쪽에서 오른쪽으로 마구 움직여도 공간의 대칭이 깨지지 않는 한 운동량은 그대로다. 이를 증명하기 위한 수학은 아주 복잡하니 완벽하게 증명되었다는 것만 알아두자.

우주가 정말 극단적인 대칭을 추구한다면 우리가 확인할 수 있는 부분 너머에 훨씬 더 일관성 있는 우주가 펼쳐져 있을 것으로 예상할 수 있다. 자연에 작용하는 여러 가지 힘부터 은하의 구조에 나타나는

▼ 겔만은 '소립자의 분류와 상호 작용을 밝혀낸 공로'로 1969년에 노벨 물리학상을 받았다.

복잡함은 종종 '자발적 대칭성 깨짐'으로 설명된다. 이는 대칭적이지만 불안정한 상태의 붕괴로 인해 비대칭적이고 안정한 상태의 붕괴 현상을 말한다. 예를 들어 세워둔 연필을 위에서 볼 때는 대칭이지만, 약한 진동이 일어나거나 산들바람이 불면 예측할 수 없는 방향으로 붕괴하며 한쪽 면을 바닥에 대고 안정적인 형태를 취한다.

쿼크 수프

• • •

과학자들은 빅뱅 직후, 쿼크의 '수프'가 있었다고 생각한다. 하지만 일단 쿼크가 합쳐지기 시작하면 쿼크를 뭉치는 강한 핵력으로 인해 이상한 특징을 가지게 된다. 보통 쿼크와 반 쿼크 한 쌍이 모여 중간자를 이룬다. 세 개가 모일 경우 두 개의 업 쿼크와 한 개의 다운 쿼크가 양성자를, 하나의 업 쿼크와 두 개의 다운 쿼크가 중성자를 형성한다.

에이스와 쿼크

1964년에 겔만은 '쿼크'라는 이름의 더 작은 소립자를 설명할 준비를 마친다. 쿼크는 세 개가 모여 중성자와 양성자를, 두 개가 모여 중간자를 이루는 입자다. 흔히 겔만이 조이스의 모더니즘 소설인 《피네건의 경야(Finnegans Wake)》의 한 구절, "마크 씨에게 세 쿼크를!"에서 따왔다고 알려져 있다. 사실 그는 이미 '쿼크'라는 이름을 생각해냈지만 철자를 정하지 못하고 있었다.

▼ 쿼크로 이루어진 양성자나 중성자의 구조를 보여주는 원자 모형.

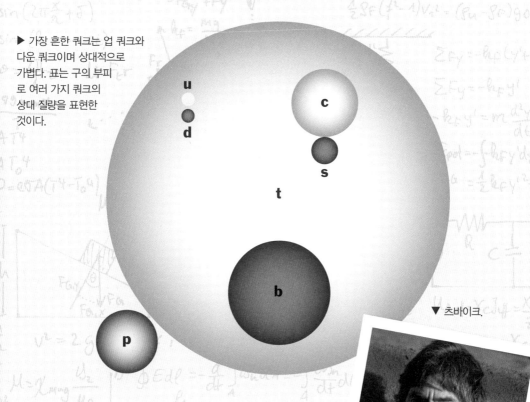

▶ 가장 흔한 쿼크는 업 쿼크와 다운 쿼크이며 상대적으로 가볍다. 표는 구의 부피로 여러 가지 쿼크의 상대 질량을 표현한 것이다.

u
d
c
s
t
b
p

▼ 츠바이크.

흔히 그렇듯이 다른 과학자도 비슷한 길을 걷고 있었다. 겔만과 비슷한 생각을 가지고 있었던 CERN 소속 미국의 물리학자 츠바이크(George Zweig)는 같은 해 자신의 이론을 책으로 낸다. 책에서는 겔만이 쿼크라고 불렀던 소립자를 '에이스'라고 칭했는데 이는 쿼크의 종류가 총 네 개라는 생각에서 비롯된 것이다.

쿼크와 에이스 이론은 몇 년간 실험을 통해 입증되었으며, 업, 다운, 스트레인지, 참, 탑, 바텀, 총 여섯 개의 쿼크의 존재가 확인되었다. 마지막에 발견된 아주 무거운 탑 쿼크는 1995년에 찾아냈다.

쿼크의 발음이 'quark'인지 'kwark'에 대해서는 아직 합의된 바가 없다. 철자에 맞게 발음하려면 전자가, 이름을 붙인 사람의 의도대로 발음하려면 후자가 옳다.

학교에서 배운 것과는 달리
빨강, 파랑, 초록이
원색이다. 아마 빨강, 노랑,
파랑으로 알고 있겠지만
사실 2차색인 마젠타,
노랑, 사이언에 더 가깝다.

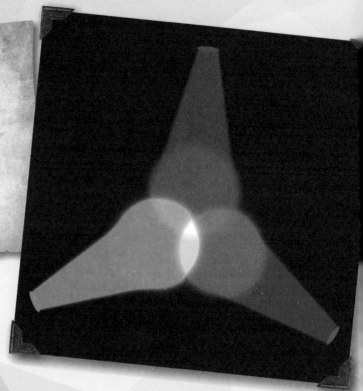

양자 색역학

겔만과 그의 동료들은 쿼크를 다루기 위해
QED(→130쪽)를 도입하려 했으나 이 방식의
접근은 QED보다 훨씬 더 복잡했다. 모든 쿼크
가 빨간색, 파란색, 초록색의 세 가지 다른 '색
깔'을 가지기 때문이었다('양자 색역학'으로 부르
는 이유). 실제로 쿼크에 색깔이 있다는 증거는
어디에도 없으며, 단지 구분을 위해 편의상 붙
인 이름일 뿐이다.

하지만 나중에 밝혀진 결과를 보니 처음 붙
였던 이름은 현실과 상당히 잘 맞아떨어졌다.
빨간색, 파란색, 초록색 빛이 모여 백색을 만들
듯이 입자를 형성하기 위해 모인 쿼크들은 항상

입자 접착제

• • • •

글루온이라 불리는 입자는 강한 핵력을
전달하는 매개체다. 강한 핵력은 자연의
네 가지 힘(→ 196쪽) 중 하나로 쿼크를
하나로 묶는다(QED에서 광자의 역할과
비슷하다). 색깔과 반-색깔의 조합 쌍을
계산하면 글루온의 종류는 여덟 가지로,
글루온의 개념이 겔만의 팔정도를 깔끔
하게 설명한 것이다.

색깔이 없어 보이게 하는 조합이었다. 예를 들어 세 개의 쿼크가 모여 양성자나 중성자를 만들 때, 항상 빨간색, 파란색, 초록색이 하나씩 섞여 있다. 중간자의 경우, 한 쿼크는 반드시 다른 쿼크의 반-색깔이다. (반-색깔은 쿼크에 색깔이 없음을 다시 한 번 되짚는다. 색깔은 단지 편이를 위해 이용하는 개념일 뿐이며 반-색깔은 해당 색깔을 지워 무색으로 만든다. 물감에는 존재하지 않는다.)

▶ 중간자나 양성자 같은 입자를 이루기 위해 결합하는 쿼크들의 색을 조합하면 무색이 된다.

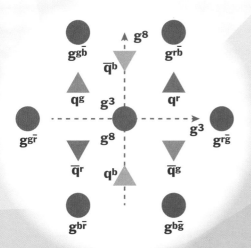

▲ 쿼크와 글루온의 팔정도 모형. 세 가지 색의 쿼크와 반 쿼크가 보인다(반 쿼크는 머리 위에 막대가 있다). 글루온은 총 여덟 개로, 색의 합으로 이루어진 여섯 개의 글루온과 두 개의 '예외적인' 글루온으로 이루어진다.

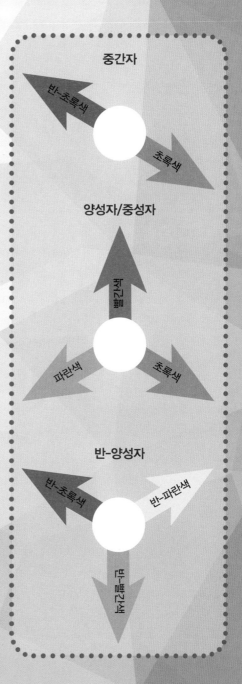

중성미자의 변화

초기 소립자 중에서 가장 신비스러웠던 것은 중성미자였다. 일부 원자핵이 붕괴할 때 에너지가 사라지는 것처럼 보이는 현상을 해결하기 위해 1930년대에 처음 도입한 개념이다. 하지만 찾기가 너무 어려워서 1956년이 되어서야 그 존재가 확인되었다.

중성미자는 질량도 없고 전하도 띠지 않는다. 이는 태양이 방출한 수십억 개의 중성미자가 매 순간 사람의 몸을 통과해도 아무런 흔적이 남지 않는다는 뜻이다.

소립자의 개념을 확장하면서 중성미자는 점차 기존의 이론과 들어맞지 않는 것처럼 보였는데 이는 중성미자에도 여러 종류가 있다는 사실이 밝혀지면서 해결되었다. 전자와 뮤온, 타우 입자 사이의 관계처럼, 전하나 스핀 같은 양자적 상태는 같지만, 더 무거운 질량을 가지는 입자의 존재를 찾아낸 것이다.

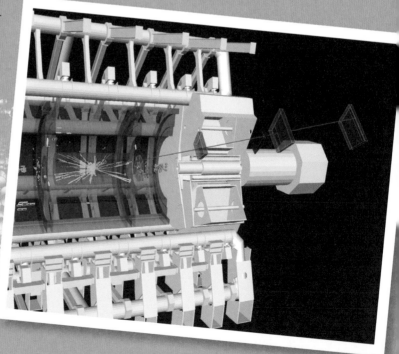

▶ OPERA라고 부르는 CERN의 중성미자 실험. 스위스의 CERN에서 이탈리아의 그란사소까지 732킬로미터를 가로질러 입자를 쏘아 보냈다.

▲ 중성미자 망원경은 엄청난 수의 탐지기를 배치하여 중성미자가 유체 속에서 상호작용할 때 생기는 작은 섬광을 탐색한다. 다른 입자와의 혼동을 피하기 위해 지하에 설치한다.

2011년 CERN 실험은 중성미자가 광속을 초월한 것처럼 보이는 실험 결과로 큰 화젯거리가 되었으나 실상은 장비 연결 결함으로 인한 오차였다.

변화는 질량을 낳는다

• • • • • • • •

최근까지 중성미자는 질량이 없다고 추정되었으나 중성미자의 비행 과정에서 형태가 변한다는 것이 2013년에 실험적으로 증명되었다. 물리학에서는 질량이 없다면 형태 변동도 없기에, 중성미자는 아주 작더라도 질량을 가져야 한다.

표준 모형

겔만의 팔정도 이론과 입자 실험에서 찾아낸 발견을 결합하여 가장 작은 구성단위 목록으로 생각되는 소립자의 4*4 행렬을 만들었다. 행렬의 소립자는 각각의 반입자를 가지고 있다(광자와 같은 일부 입자는 자기 자신이 반입자다).

여섯 쿼크는 물질을 이루는 입자로, 여섯 렙톤과 결합한다. 렙톤은 전자에 불과하나 일상생활에서 볼 수 있는 모든 물질을 이루는 중요한 역할을 한다. 게이지 보손으로 알려진

◀ 인도의 물리학자 보스.

'보손(boson)'은 보스(Satyendra Nath Bose)의 이름을 따서 지었다. 군함의 갑판장을 뜻하는 항해 용어 '보선(bosun)'과 혼동되기 쉬워 주의해야 한다.

4대 힘

• • • •

표준 모형의 입자는 4대 힘과 결합하여 물리학의 척추를 이룬다. 이 중 세 가지 힘은 양자물리에 적용할 수 있다. 가장 익숙한 힘인 '전자기력'은 광자를 매개로 하며 의자에 앉을 수 있는 능력부터 물체를 보는 시력까지, 빛과 물질 사이의 모든 친숙한 상호작용을 일으킨다. '강한 핵력'은 글루온을 매개로, 쿼크를 서로 이어주고 양성자가 핵 속에 머무를 수 있도록 한다. '약한 핵력'은 W와 Z 보손을 매개로, 핵반응과 중성미자 반응에 관여한다. '중력'은 양자 이론과 양립할 수 없어, 현재 중력과 양자 이론은 구분하여 다루고 있다. 지금까지 중력의 작용을 가장 효과적으로 표현한 것은 일반 상대성 이론이다.

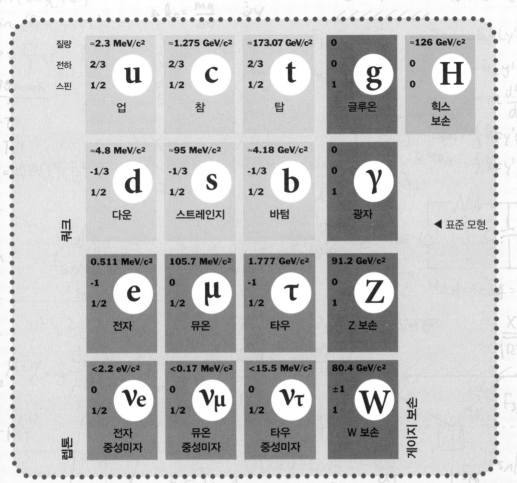

질량	≈2.3 MeV/c²	≈1.275 GeV/c²	≈173.07 GeV/c²	0	≈126 GeV/c²
전하	2/3	2/3	2/3	0	0
스핀	1/2	1/2	1/2	1	0
	u	**c**	**t**	**g**	**H**
	업	참	탑	글루온	힉스 보손

◀ 표준 모형.

네 개의 입자는 다양한 힘을 매개한다.

힉스 보손 입자(➔200쪽)가 모형에 추가되는 경우가 많다. 현재까지 자연의 기본 구성 요소를 잘 보여주는 것은 표준 모형이다. 하지만 암흑 물질(➔206쪽)을 설명하지 못하며, 중력을 고려했을 때 몇 가지 입자(➔296쪽)를 더 필요로 하는 몇 가지 문제가 있지만 표준 모형은 역대 물리학자의 업적 중 가장 위대하다고 할 수 있다.

입자는 왜 질량을 가지는가?

입자가 질량을 가지는 이유를 물었을 때, 질량을 가지는 것이 입자의 특징이기 때문이라고 답한다면 이상하게 들릴 수 있다. 우리가 물리학을 쉽게 이해하도록 도와 온 수학의 영역에서는 입자에 질량이 없는 것이 여러모로 용이하다. 물리학에서 수학을 떼어내지 않고 현실과 이론의 괴리를 줄이기 위해서는 새로운 개념이 필요했다.

▲ Z 보손의 첫 번째 단서는 CERN에 있는 가가멜이라는 거품 상자에서 나타났다. 현재 가가멜은 더 이상 사용하지 않으며 외부에 전시되어 있다.

약한 핵력은 Z, W⁺, W⁻ 총 세 개의 서로 다른 매개 입자를 가진다는 점에서 특별하다.

양자적으로 따지면 '다른 개념'의 정체는 바로 에너지다. 아인슈타인의 $E = mc^2$은 질량과 에너지 사이의 상호 교환성을 입증했다. 양성자나 중성자를 구성하는 쿼크의 질량이 갑자기 없어지더라도 쿼크가 모여 만들어내는 입자의 모습은 지금과 별다른 차이가 없을 것이다. 이는 쿼크를 하나로 모으려는 글루온의 상호작용이 만들어내는 에너지가 거의 양성자와 중성자의 전체 질량에 필적하기 때문이다.

반면 전자나 약한 핵력을 매개하는 Z, W 보손과 같은 입자들은 질량을 꼭 가질 필요가 없었다. 표준 모형이 살아남으려면 입자에 질량을 부여하는 다른 개념을 찾아내야만 했다.

 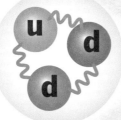

▲ 양성자는 글루온으로 묶인 두 개의 업 쿼크와 하나의 다운 쿼크로 구성되어 있다. 중성미자는 하나의 업 쿼크와 두 개의 다운 쿼크로 이루어져 있으며, 마찬가지로 글루온으로 고정되어 있다.

▼ Z와 W 보손의 존재를 확인한 CERN의 슈퍼 양성자 가속기는 기존에는 자체적으로 사용했으나 현재는 LHC 내부로 들어가는 입자를 가속하는 용도로 사용하고 있다.

$$E = MC^2$$

1905년 특수 상대성 이론에 관한 논문을 작성한 직후 아인슈타인은 자신이 질량과 에너지 사이의 직접적인 관련성을 보여주고자 만든 방정식의 중요성을 체감했다. 아주 짧은 길이의 추가 논문에서 그는 이 방정식을 이용해 입자의 질량을 에너지로 바꿀 수 있다는 사실을 증명한다. 그리고 그는 새롭게 발견한 방사능은 질량을 가지는 입자가 질량이 없는 광자로 변하는 과정에서 생기는 에너지라고 생각했다.

힉스장

전자기장을 비롯해 오늘날 대부분의 물리학이 장의 개념으로 설명된다는 점을 고려했을 때, 질량을 필요로 하는 여러 입자에 새로운 장의 개념을 도입하면 표준 모형의 결함을 비교적 쉽게 메울 수 있었다. 이 새로운 개념은 총 여섯 명의 과학자인 브라우트(Robert Brout), 앙글레르(Francois Englert), 힉스(Peter Higgs), 구랄닉(Gerald Guralnik), 하겐(Richard Hagen), 키블(Tom Kibble)이 이어서 발전시켰다. 새로운 장의 이름은 엄밀히는 브라우트 앙글레르 힉스

▲ 거대한 크기를 자랑하는 아틀라스와 CMS 탐지기는 LHC의 일부로서 힉스 보손의 발견에 결정적인 역할을 했다.

구랄닉 하겐 키블장이었는데, (다른 다섯 사람에게는 안 된 일이지만) '힉스장'이라는 이름으로 알려지게 되었다.

1964년에 고안된 힉스장은 힉스 보손이 발견된 2012년까지 실험적으로 뒷받침할 증거가 없었음에도 불구하고 표준 모형의 한계를 극복하면서 이론적인 입지를 공고히 했다.

흔히 힉스 보손이 입자에 질량을 부여한다고

▲ 앙글레르.

▶ 힉스장은 마찰이 일어나
는 것과 유사한 과정으로
입자에 질량을 부여한다.

하나 사실 질량의 근
원은 힉스 보손이 아니
라 힉스장이다. 힉스 보
손은 단지 장의 파문에 불
과하며 표준 모형의 나머지와
는 전혀 상관없다. 힉스 보손은
장이 있음을 알 수 있는 현상임과
동시에 장의 존재를 지지하는 증거다.

201

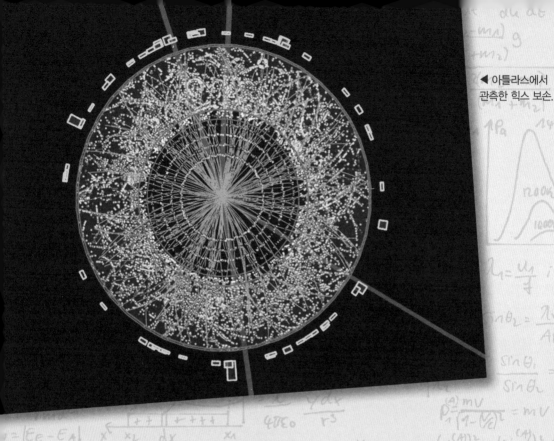

▲ 아틀라스에서
관측한 힉스 보손.

LHC가 찾아낸 돌파구

CERN의 대형 강입자 충돌기에서 발견된 힉스 보손은, 쉽게 이해되거나 설명될 수는 없었지만 전 세계 언론의 관심을 한 몸에 받았다.

실험은 2012년 7월에 이루어졌으나 결과가 발표된 것은 엄청난 양의 데이터가 검토된 2013년 3월의 일이었다. 이 실험에서 힉스 보손의 (정확한 질량은 구할 수 없으나 범위는 예측할 수 있는) 예상 질량 범위에 일치하는 입자가 발견되었다. 실험 오차에 의해 발견된 것이 아니라는 확신은 있었지만, 힉스 보손이 맞다는 사실을 입증할 방법을 찾지 못해 발표가 늦어지게 되었다.

힉스 보손은 다른 양자장에서 각 입자를 장의 '들뜸(excitation)'으로 해석했기 때문에 예측할 수 있었다. 예를 들면 광자는 전자기장의 들뜸이다. 힉스장이 있다는 사실을 직접 증명할 방법이 없지만 힉스 보손의 존재가 힉스장이 존재한다는 증거가 될 수 있었다.

CERN은 힉스 보손의 발견으로 '힉스 보손 입자의 첫 번째 존재 증거 발견'이라는 기네스 세계 기록 타이틀을 거머쥐었다. 그 외에 보유하고 있는 기록으로는 가장 큰 과학 실험 기구인 27킬로미터 둘레의 대형 강입자 충돌기, 가장 강력한 입자 가속기, 역대 최고 온도인 5조 K(켈빈 온도) 등이 있다.

▼ CERN에서 진행한 양성자 충돌 모의실험.

힉스 보손 발견의 신뢰도인 '5시그마'는 많은 사람이 해당 수치를 찾아낸 입자가 힉스 보손이 아닐 확률이 1천만 분의 3이라는 의미로 해석했다. 사실, 결과값이 실험적 오차일 확률이 1천만 분의 3이라는 의미였다.

초대칭

표준 이론은 매우 성공적이었지만, 부족한 부분이 많았다. 물질과 매개 입자 사이의 관계를 설명하지 못했으며 정밀한 이론 설립보다는 실험 결과 해석에 큰 비중을 두었다. 근본적인 결함이었을 수도 있지만 모형의 범위가 충분하지 못하고 좁은 것이 이유였을지도 모른다.

휘청거리는 표준 모형을 지탱하기 위한 가장 유명한 이론이 '초대칭'이다. 이름에서 알 수 있듯이 수학적 대칭(→188쪽)에 의존했으며 서로 다른 족의 입자 사이에 관계를 맺어주는 역할을 했다. 겉보기에는 이론을 단순화한 것처럼 보였으나 실제로는 더 복잡해지게 만들었는데, 각 입자가 다른 족의 입자를 초대칭 짝으로 가져야 했기 때문이다. 이는 물질 입자는 매개 입자를, 매개 입자는 물질 입자와 짝을 이루어야 한다는 의미다.

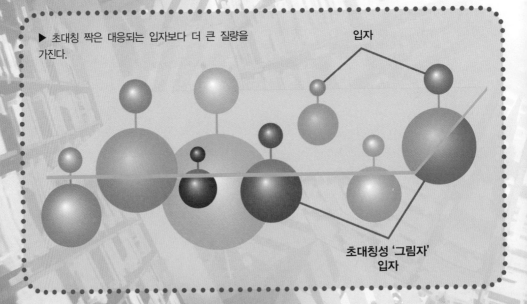

▶ 초대칭 짝은 대응되는 입자보다 더 큰 질량을 가진다.

입자

초대칭성 '그림자' 입자

'SUSY'라고도 알려진 초대칭은, 짝 입자가 기존의 입자보다 더 큰 질량과 다른 스핀값을 가질 것으로 예측했다. 쿼크나 전자를 필두로 하는 페르미온은 1/2 등과 같은 반정수 스핀을, 광자를 포함한 보손은 정수 스핀을 가진다. (여기서 혼란스러운 점은 스핀이 1/2인 입자는 두 바퀴를 회전해야 같은 상태로 돌아오며, 스핀이 1인 입자는 한 바퀴만 회전하면 된다는 것이다.) 초대칭 짝은 자신의 짝보다 1/2 낮은 스핀을 갖는다. 따라서 셀렉트론의 경우 0의 스핀을 가진다.

초대칭 이론은 수학적으로 군더더기가 없이 말끔하여, 수를 중심으로 물리학을 전개하고자 하는 학자들에게 호평을 받았지만, 초대칭 입자가 존재한다는 증거는 지금까지 밝혀진 바가 없다.

스쿼크를 만나다

• • • • • • • • •

초대칭 이론은 입자의 수를 두 배로 늘렸다. 쿼크와 전자는 매개 입자인 '스쿼크'와 '셀렉트론'을, 광자와 글루온은 물질 입자인 '포티노'와 '글루이노'를 짝으로 가진다.

초대칭은 끈 이론(→304쪽)과 깊은 관련이 있다.

암흑 물질

표준 모형의 또 다른 허점은 암흑 물질을 이루는 입자를 설명하지 못한다는 것이다. 암흑 물질은 스위스의 천문학자 츠비키가 일부 은하의 움직임을 설명하기 위해 도입한 개념이다.

모든 은하는 회전하지만 너무 빨리 돌면 물레 위의 흙 반죽처럼 흩어져 버린다. 사실 은하의 자전 속도는 탐지할 수 있는 물질의 질량을 다 합친 값에 비해 지나치게 빨랐다. 츠비키(Fritz Zwicky)는 보이지는 않지만 질량이 있어 은하가 흩어지지 않도록 붙잡아주는 암흑 물질의 개념을 제안했으나 인정받지 못했

다. 하지만 1970년대에 미국의 천문학자 루빈(Vera Rubin)은 은하들이 현실적으로 가능한 속도보다 훨씬 빠르게 돌고 있다는 증거를 내놓으면서 암흑 물질의 존재를 다시 한 번 주장했다.

그때 이후로 은하가 자신의 질량으로 빛의 굴절 현상 등의 여러 관측 데이터를 확보하면

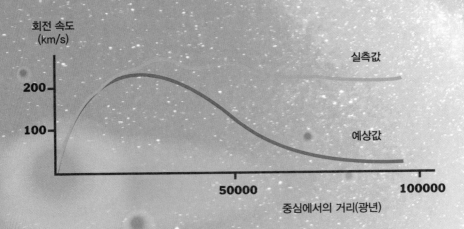

▲ 케플러 법칙에 따르면 은하 내 천체의 공전 속도가 은하의 중심에서 멀어질수록 느려져야 하지만 현실은 달랐다. 외곽에 있는 별의 속도는 중심부에 있는 별과 비슷했으며 이론상 밖으로 튕겨 나가고도 남는 속도를 유지하며 공전하고 있었다.

츠위키가 처음으로 암흑 물질에 붙였던 이름은 'dunkle Materie'였다.

▲ 놀이기구의 의자가 밖으로 쏠리게 하는 원심력은 은하 내 별들을 밖으로 밀어낸다. 은하에서는 중력이 의자에 묶인 사슬 역할을 해 별이 튕겨 나가지 못하도록 묶는다.

▼ 일반 상대성 이론에 의하면 질량은 렌즈처럼 빛을 굴절시킨다. 아래 사진에서는 멀리 떨어진 은하가 암흑 물질 렌즈로 인해 확대되어 보이며 바깥쪽 파란색 고리의 형태로 나타난다.

서 눈에 보이지 않는 어떤 물질이 존재하고 있음을 어렴풋이 짐작할 수 있었다. 관측한 현상을 분석한 결과, 탐지할 수 없는 '암흑 물질'이 일반 물질보다 우주에 다섯 배 더 많았다. 만약 암흑 물질이 존재한다면, 표준 모형은 입자 물리학의 모든 부분을 다루는 효과적인 모형으로 볼 수 없다는 의미가 된다.

하나의 입자?

암흑 물질은 일반적인 물질과 중력을 통해
서만 상호작용하는 것으로 알려져 있어 정
체를 밝혀내기 몹시 까다로웠지만 결국 후
보 입자를 찾아냈다. 중력은 우리에게는 강
한 힘일지 몰라도, 사실 다른 힘에 비하면
아주 약한 편이다. (금속을 들어 올리는 자석
을 생각해보라. 자석에서 나오는 전자기력이
지구 전체의 중력을 누른 셈이다.) 따라서 우

리에게 친숙한 전자기력을 통해 상호작용하
는 입자보다 중력으로 상호작용하는 입자를
찾는 일이 훨씬 어려웠다.

암흑 물질로 가장 많은 지지를 받았던 것
은 '윔프'(Weakly Interacting Massive Particles,
약하게 상호작용하는 무거운 입자)였다. 이론
적으로는 (윔프만큼 찾기 어려운) 중성미자나
'액시온'이라는 입자 역시 암흑 물질일 가능

성이 있었지만 오늘날의 관점에서 세 입자 모두 암흑 물질의 성질과 정확히 일치하지는 않는다.

최근까지 중성미자는 질량이 없기 때문에 암흑 물질이 될 수 없다고 생각했지만, 아주 미세하지만 질량이 있다는 사실이 밝혀졌다. 세 종류의 중성미자 모두 다른 질량을 가지지만 모두 합치더라도 전자 질량의 백만 분의 1 정도에 불과하다. 하지만 우주에는 엄청난 양의 중성미자가 존재한다. 모든 별은 1초마다 수조 개에 달하는 중성미자를 뿜어낸다.

중성미자가 암흑 물질이 될 수 있다는 주장은 위의 사실을 근거로 하지만 몇 가지 문제가 있다. 첫째, 아주 많은 중성미자가 있다 하더라도 암흑 물질이 미치는 힘에 필적하기에는 질량이 턱없이 부족하다. 두 번째는 중성미자가 지나치게 빠르다는 점이다. 중성미자는 빛에 필적하는 속도로 움직인다. 하지만 암흑 물질이 제 역할을 하면서 다른 일반 물질을 끌어모아 은하를 형성하려면, 아주 느리게 움직여야 한다. 천문학자들은 종종 '차가운 암흑 물질'이라고 부르는데, 이는 아주 천천히 움직인다는 의미가 내포되어 있다. 온도는 운동 에너지를 측정하는 척도이므로 낮은 온도에서는 느리게 운동한다. 마지막으로 과거에는 중성미자의 탐지가 어려웠으나, 이제는 그렇지 않다. 하지만 암흑 물질의 정체는 여전히 오리무중이다.

암흑 물질을 찾으려는 노력의 일환이 바로 초대칭의 도입이다. 중성미자의 초대칭 짝, 뉴트랄리노는 이론상 중성미자보다 질량이 크기 때문에 암흑 물질의 유력한 후보로 가능하나 존재한다는 증거는 사실 어디에도 없다.

우주에 일반 물질보다 다섯 배 더 많은 암흑 물질이 나타난다는 것을 고려하면, 암흑 물질을 이루는 입자가 일반 물질만큼 복잡할 수 있다. 표준 모형(➜ 196쪽)처럼 표로 정리해야 할 만큼 수많은 암흑 물질 입자가 존재할 수 있지 않을까? 암흑 물질 태양에서 쏟아지는 암흑 빛을 받아 빛나는 암흑 물질 행성이 존재할지도 모른다는 암흑 물질 평행 우주설을 주장한 학자도 있었다. 하지만 지금까지 어떠한 증거도 찾을 수 없었다.

암흑 물질 행성은 훌륭한 공상 과학 소설의 주제지만, 암흑 물질의 분포를 따져봤을 때 행성처럼 작은 규모의 구조물(은하적 관점으로)을 만들 것 같지는 않다.

막다른 골목인가?

과거에는 암흑 물질을 언젠가 감지할 수 있을 거라는 확신이 있었으나 현재까지 의미 있는 결과를 낸 실험은 없었다. 물리학계는 암흑 물질의 존재를 의심하기 시작했다.

분명히 무언가가 은하를 포함한 우주 구조의 움직임에 영향을 주고 있지만 사실 그것이 반드시 다른 종류의 물질일 필요는 없다. 수정 뉴턴 역학은 이와 같은 관점으로 찾아냈던 초기 대안 중 하나로, 뉴턴의 운동 법칙을 은하 단위에 적용할 수 없다는 사실에 착안해서 만든 이론이었다. 우리는 단순히 같은 규칙을 완전히 다른 규모의 경우에도 적용할 수 있다고

착각한 것이다. 기존의 이론에 아주 작은 변화만 준다면 암흑 물질의 개념 없이 뉴턴 역학을 기반으로 우주를 설명할 수도 있을 것이다.

최근에는 이조차도 불필요하다는 의견이 나타났다. 은하처럼 거대한 단위의 움직임을 예측하려면 예상값을 계산해야 하지만, 여러 물체 간의 상호작용은 너무 복잡하므로 애초에 정확한 결과를 얻을 수 없다는 것이다. 비슷한 맥락으로 지금까지 암흑 물질의 영향이라고 믿었던 현상은 은하 내 물질의 상호작용을 계산하는 과정에서 나타난 오류일지도 모른다는 주장도 제기되었다.

중력에 의해 상호작용하는
물체가 세 개만 있어도
계산 결과를 부정확하게
만들기에는 충분하며
은하 내에 있는 수십억의
별과 다른 천체는
말할 것도 없다.

CHAPTER 8

놀라운 양자 세계

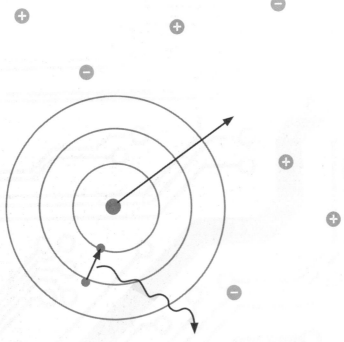

▶ 온도가 절대 영도에 가까워지면, 거시 세계의 물체에도 양자물리가 적용된다.

자연은 빈 공간을 싫어할까?

그리스 시대에 성행한 물리학의 기본 원리 중 하나는 "자연은 진공을 혐오한다"였다.
그리스인은 진공이라는 단어를 아무것도 없다는 뜻으로 사용했는데, 이는 진공이 존재
한다면 주변의 다른 물질로 채워지리라 생각했을 뿐 아니라, 원자 사이에 진공이 있다
고 주장하는 원자론자들을 공격하기 위해서였다.

어떤 의미로는 불확정성 원리(➜ 100쪽)로 인해 오래전에 버려진 개념을 양자 이론이 부활시켰다고 볼 수 있다. 에너지와 시간은 불확정성 원리로 이어지는 많고 많은 쌍 중 하나다. 즉 아주 짧은 시간 동안 에너지 준위가 급격히 요동칠 수 있다는 의미이며 이때 에너지가 충분히 커진다면 전자/양전자 쌍이 생성되었다가 즉시 소멸하게 된다. 이러한 입자를 가상 입자라고 한다.

만약 가상 입자로 가득한 빈 공간에 입자가 아주 짧은 시간 동안만 존재할 수 있다면 직접 관찰할 방법이 없다. 하지만 이들의 영향은 관측할 수 있다. '카시미르 효과'는 1나노미터(1나노미터 = 10억 분의 1미터) 간격의 두 판이 서로를 끌어당기는 현

가상 입자 쌍이
나타나면 소멸한다.

금속판

빈 공간   카시미르 효과

◀ 카시미르 효과는 인접한 두 금속판 사이에서 양자 요동의 결과인 아주 약한 힘을 만들어낸다.

카시미르 효과는 1948년에 이 현상을 예측한 네덜란드의 물리학자 카시미르(Hendrik Casimir)의 이름을 딴 것이다.

상이다. 두 판이 좁은 틈 사이의 몇 안 되는 입자보다 판 바깥쪽의 수많은 '가상 입자'의 영향을 더 많이 받기 때문에 발생한다. 가상 입자가 끊임없이 생성과 소멸을 반복한다는 의미는 완전한 진공이 시간의 가장 짧은 측정 단위로도 표현할 수 없을 만큼 빠르게 사라진다는 뜻이다.

가상 입자가 나타났다가 사라지는 속도는 아주 빨라서 관측하기 어렵다. 하지만 호킹 (Stephen Hawking)은 블랙홀 근처에서 쌍생성이 일어날 때, 한 쌍은 블랙홀로 빨려 들어

▲ 양자 이론에 따르면, 겉보기에는 빈 공간도 생성과 소멸을 반복하는 수많은 가상 입자가 무질서하게 숨어있다.

가고 다른 쌍은 블랙홀의 영향권에서 벗어난다면, 호킹 복사라는 현상이 나타난다고 주장했다.

뉴턴보다 한 수 앞섰던 아리스토텔레스

아리스토텔레스는 진공이 있다면, 움직이는 물질이 다른 요인에 의해 방해받지 않는 이상 영원히 움직일 것이기 때문에 진공이 존재할 수 없다고 주장했다. 비록 틀렸다고 생각했던 주장에 맞서기 위한 예시였으나, 움직이는 물체는 다른 힘을 받지 않는 이상 계속 움직인다는 뉴턴의 첫 번째 운동 법칙과 매우 흡사하다.

영점 에너지

우리는 빈 공간은 말 그대로 비어있기 때문에 에너지를 가질 수 없다고 생각한다. 하지만 불확정성 원리에서 예측하고 카시미르 효과에서 관측한 바 있는 순간적인 요동은 '빈' 공간에도 에너지가 전혀 없지만은 않다는 것을 의미한다.

진공에 있는 가상 입자의 에너지를 '영점 에너지'라고 부른다. 영점 에너지의 크기를 구하면 값이 무한대로 나오는데 QED(➜ 140쪽)처럼 재규격화를 할 수도 없어서 영점 에너지의 크기 예상 범위는 아주 넓다.

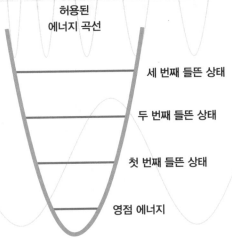

▲ 양자 물체가 허용된 가장 낮은 에너지 준위에 있을 때조차 에너지는 0이 아니다. 이 에너지를 활용하려면 더 아래로 내려가야 한다.

　누군가 영점 에너지를 무한한 동력원으로 사용할 방법을 고안했다는 소식이 언론에 자주 등장하지만, 실용성이 있다고 할 수는 없다. 영점 에너지를 이용하려면 더 낮은 에너지를 가진 물질이 필요하다. 예를 들어 중력 위치 에너지를 이용하려면 높이가 다른 두 개의 장소가 필요하다. 높은 곳에서 낮은 곳으로 물을 보내면 물레방아나 터빈을 돌릴 수 있지만, 높이 차이가 없다면 수력 발전이 불가하며 에너지도 이용할 수 없다. 하지만 정의상 영점 에너지보다 낮은 에너지는 없다. 유일한 가능성은 요동을 이용하는 것인데, 지금까지 행해졌던 모든 시도는 얻을 수 있는 에너지보다 채굴 과정에서 더 많은 에너지를 소비했다.

　영점 에너지(진공 에너지 혹은 바닥상태 에너지)를 직접적으로 사용하지 못한다는 사실에도 다른 대안을 찾으려는 노력은 멈추지 않았다. 인지도 높은 대안 중 하나가 양자 진공 추진기다. 기존의 이온 추진기는 엔진 밖으로 뿜어낼 반응 물질이 필요했지만, 양자 진공 추진기는 가상 입자를 반응 물질로 사용하므로 무게를 줄일 수 있다. 많은 이론가들이 실용성에 의문을 제기하지만, 여러 시험 장치가 제안되었다.

▶ 영점 에너지는 공상 과학 소설에서 편리한 동력원으로 등장한다.

절대 영도

온도는 물질을 이루는 원자의 에너지를 측정하는 척도다. 원자의 에너지는 운동 에너지와 위치 에너지의 합이다.

모든 원자가 멈추며 모든 전자가 가장 낮은 에너지 준위에 있는 상황을 상상해 보자. 아마도 물질은 더 이상 내려갈 수 없는 가장 낮은 온도에 있을 것이다. 이와 같은 특징이 나타나는 매우 낮은 온도를 절대 영도라고 한다. 이론적으로 섭씨 −273.15℃에서 이러한 현상이 나타나며 켈빈 온도로는 0K다.

양자 제한

• • •

양자 이론이 나타나기 전에는 절대 영도에 도달하지 못할 특별한 이유가 없어 보였다. 하지만 만약 모든 원자가 가장 낮은 에너지 준위에 있으며 움직이지 않는다면, 불확정성 원리가 깨진다. 원자가 고정된 위치와 운동량이 0이란 것을 동시에 알 수 있기 때문이다. 결국 절대 영도에는 도달할 수 없다는 의미가 된다.

▼ 가장 흔히 볼 수 있는 세 가지 온도 단위와 예시.

		절대 영도	어는점	끓는점
켈빈 온도	K	0	273.15	373.15
섭씨 온도	℃	-273.15	0	100
화씨 온도	℉	-459.67	32	212

열역학 법칙

0 – 온도가 다른 두 물체를 붙여놓으면 서로 간의 온도 차가 줄어들면서 두 물체는 열평형 상태에 이른다.

1 – 계 내부 에너지 증가량은 계가 얻은 열에너지에서 계가 외부에 한 일을 뺀 값과 같다.

2 – 닫힌계에서 열은 뜨거운 곳에서 차가운 곳으로 이동한다. 엔트로피(무질서도)는 변하지 않거나 증가한다.

3 – 절대 영도에서 계의 엔트로피는 0이다. 하지만 실제로 절대 영도에 도달하는 것은 불가능하므로 절대 영도에 가까워질수록 엔트로피는 0에 가까워진다.

절대 영도의 이름은 온도계의 눈금이 어느 순간 더 이상 낮아지지 않는다는 점에서 유래했다.

초전도체

1911년 네덜란드의 물리학자 오너스는 극저온 실험에 몰두해 있었다. 오너스는 저온 물리학의 세계적인 권위자로 원자의 에너지 준위와 전도율 사이의 상관관계를 알아보려고 했다.

어떤 과학자들은 '전자 기체'가 에너지를 잃으면 물질의 저항값이 무한으로 솟구칠 것으로 생각했다. 반면 오너스(Heike Kamerlingh Onnes)를 포함한 일부는 저항이 점차 낮아질 것으로 보았다.

1911년에 진행한 실험에서, 오너스는 수은의 온도를 절대 영도에 근접한 1.5K로 낮추었는데 이 실험 결과는 물리학계를 충격에 빠뜨렸다. 어느 예측도 맞지 않았던 것이다. 4.2K 지점에서 수은의 저항이 갑자기 사

▲ 거대 강입자 충돌기의 거대한 자석이 어마어마한 전류를 운반하기 위해서는 초전도체가 필요하다.

▼ 초전도체는 특이한 성질을 많이 가지고 있는데 그중 하나가 자기장을 밀어내고 자석을 공중에 띄우는 마이스너 효과다.

라졌고 오너스는 세계 최초로 초전도체를 발견했다. 저항이 사라졌다는 사실을 증명하기는 대단히 어려웠으나, 이후 실험에서 18개월 동안 초전도체 전선에 전류 감소 없이 전기를 흐르게 하는 데 성공했다.

전류가 흐를 때 열을 받게 되면 초전도성이 깨질 수 있다는 한계가 있지만, 다른 원리로 생산하는 전자석보다 훨씬 강한 힘을 가진 전자석을 만들어낼 수 있었다.

▶ 오너스는 '저온에서의 물질 특성 연구, 특히 액체 헬륨 생산'으로 1913년 노벨 물리학상을 받았다.

▼ 여러 물질에서 초전도 현상이 일어나는 온도.

초전도체	K	°C
알루미늄	1.2	-271.95
다이아몬드	11.4	-261.75
납	7.19	-265.96
수은	4.15	-269
이붕화마그네슘	39	-234.15
질화니오븀	16	-257.15
주석	3.72	-269.43
티타늄	0.39	-272.76

오너스는 20세기 초였다는 사실을 고려하더라도 가부장적이었으며 직원을 고압적으로 대했다.

상온초전도체

초전도체 수은도 인상적이지만, 최종 목표
는 상온에서도 활용할 수 있는 초전도체를
생산하는 것이다. 이는 곧 전력 케이블이 전
력 손실 없이 전기를 전달하거나 더 먼 거리
로 많은 전기를 운반할 수 있음을 의미한다.

상온초전도체는 아직 만들지 못하지만,
초전도성을 유지할 수 있는 온도는 점점 높
아지고 있다. 초기에는 상승 폭이 대략
−243℃ 정도로 미비했으나, 1980년도 중반

▲ 실험의 목적은 액체 헬륨이나 질소의 공급을 통
한 지속적인 냉각을 필요로 하지 않는 초전도체를 찾
는 데 있다.

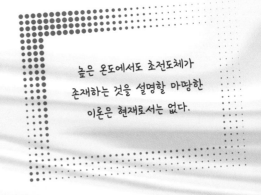

높은 온도에서도 초전도체가
존재하는 것을 설명할 마땅한
이론은 현재로서는 없다.

마법의 메타물질

· · · · · · ·

상온초전도체 개발을 위한
노력은 지금도 계속되고 있다.
일부 물리학자는 특수 설계한
인공 물질로서 음의 굴절률과
같은 특이한 성질을 가진
메타물질, 어떤 물리학자는
유기 액체와 상호작용하는
특별한 종류의 흑연에
가능성이 있다고
생각한다.

▼ 새로운 세라믹 물질은 전례 없이 높은 온도에서도
초전도성을 유지할 수 있다.

혼합물	K	°C
MgB_2	39	-234.15
$Tl_2Ba_2CuO_6$	80	-193.15
$TlBa_2Ca_3Cu_4O_{11}$	122	-151.15
$HgBa_2Ca_2Cu_3O_8$	128	-145.15
고압의 황화수소(H_2S)	203	-70.15

에 바륨, 구리, 이트륨, 산소 등을
혼합한 세라믹 신소재가 발견되어
−183°C까지 급격하게 뛰어올랐
다. 그 뒤로 여러 가지 새로운 조
합으로 인해 −150°C에서 동작하
는 초전도체를 만들어냈다. 이러한
실험이 초전도성을 유지할 수 있는
온도를 끌어올린 덕분에 냉각제로 비
싼 액체 헬륨 대신 흔한 액체 질소를 사
용할 수 있게 되었다.

▲ 오늘날의 초전도 케이블은 여전히 복잡하며 지속적인
냉각이 필요하다.

초유체

전도체 실험을 하던 오너스는 액체 헬륨을 1.5K까지 냉각시키던 도중 이상한 현상을 발견했다. 온도가 끓는점인 4.2K보다 낮았음에도 불구하고 헬륨에 거품이 끓어올랐던 것이다. 하지만 2.17K에 접어들자 더 이상 거품이 올라오지 않았다.

오너스는 깨닫지 못했지만, 헬륨의 표면은 초유체가 되어 있었다. 극한으로 차가운 환경이 전자가 전도체를 통과하는 방식을 바꾸듯이, 액체의 원자 배열에 양자적 변화가 일어나 마찰을 무시하며 점성이 없는 물질이 생성된다. 이러한 물질의 원자가 완전히 자유롭게 움직일 수 있기 때문에, 운동하면서 열에너지를 전혀 잃지 않으므로 열에너지를 완벽하게 전달하는 이상적인 열전도체가 될 수 있다.

마치 초유체에 마법 같은 특징이 있는 듯하다. 초유체 고리를 만들어 회전시키면 초유체 상태가 유지되는 한 계속 회전할 수 있다. 더 이상한 점은 위가 뚫린 용기에 있는 초유체는 위로 탈출하려고 한다는 점이다. 자유로운 원자의 움직임, 무점성, 모든 원자를 하나로 이어 마치 하나의 거대

◀ 용기에서 탈출하는 초유체.

▼ 오늘날의 기준으로 보면 오너스의 연구실은 아주 평범한 수준이었지만 성과는 몹시 뛰어났다.

초유체의 뾰족한 활용 방안은 없지만, 최근에 작은 입자로 구성된 다양한 물질을 모아 눈에 쉽게 띄도록 하는 '양자 용매'나 특수 냉각 장치로 사용하자는 의견이 있다.

한 원자처럼 하는 양자 작용 때문에 이러한 현상이 가능하다. 용기의 모양을 알맞게 변형하고 열을 갑자기 가하면 이 효과가 강해지면서 초유체가 용기 위로 뿜어져 올라 마르지 않는 분수가 탄생한다.

보스-아인슈타인 응축물

초전도체와 초유체는 저온 환경에 노출된 양자 입자의 집합 행동 변화에서 비롯된 결과물이다. 이와 관련 있는 것 중 하나로 새로운 물질 상태를 생성하는 현상이 있다.

익숙한 상태인 고체, 액체, 기체를 비롯해 물질의 네 번째 상태인 플라즈마 역시 들어본 적 있을 것이다. 기체 상태에서 전자와 원자핵이 분리되어 '이온화'되면 플라즈마 상태가 된다. 별도 거의 플라즈마로 이루어져 있고, (암흑 물질을 제외한) 은하 질량 대부분이 플라즈마이기 때문에 우주에서는 흔한 물질 유형이다. 우리 주변에서는 불꽃이나 일부 평면 텔레비전 제품에서도 찾아볼 수 있다. 하지만 온도가 극한으로 내려가면 물질의 다섯 번째 상태인 '보스-아인슈타인 응축물(Bose-Einstein condensate)'이 된다.

표준 모형(➔ 196쪽)은 입자를 배타 원리(➔ 120쪽)를 따르는 페르미온과 따르지 않는 보손으로 분류한다. 대표적인 페르미온으로는 전자와 쿼크가 있으며 보손에는 광자가 있다. 보손은 보통 서로 상호작용하지 않으며 많은 입자가 동시에 같은 양자 상태를 가질 수 있다. 보스-아인슈타인 응축 현

> ## 이온
>
> • • •
>
> 원자는 보통 전기적으로 중성이며 같은 수의 전자와 양성자를 가진다. 하지만 대다수 원자는 전자를 얻거나 잃으며, 이로 인해 전하를 띠게 된 원자를 이온이라고 한다. 이온은 종종 화학적 반응에서 형성되는데, 예를 들어 염화나트륨(소금)이 물에 녹으면 나트륨과 염소 이온으로 변한다.

상이 일어나면 많은 수의 입자가 하나의 집단처럼 행동하며 빛을 가두는 것과 같은 특이한 능력이 물질에 부여된다.

이 현상은 입자들의 집단행동을 설명하는 모형과 관련되며, 현상의 명칭은 보스가

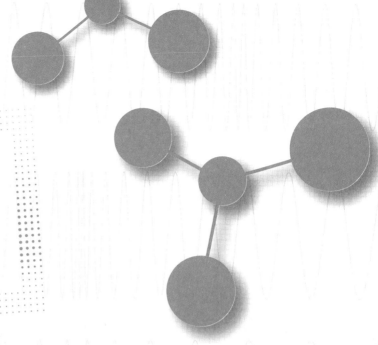

이름은 양자 입자를 분류하는 두 가지 기준 중 하나인 보스-아인슈타인 통계에서 따온 것으로, 다른 하나는 페르미-디랙 통계이다.

개발하고 아인슈타인이 확장한 보스-아인슈타인 통계에서 따왔다. 이러한 움직임은 오직 파울리 배타 원리를 따르지 않는 입자에만 적용된다. 페르미-디랙 통계(두 명의 물리학자가 각자 개발함)는 배타 원리를 따르는 입자에 적용된다.

▶ 페르미온(초록색)은 페르미-디랙 통계를 따르나 보손(빨간색)은 보스-아인슈타인 통계를 따른다.

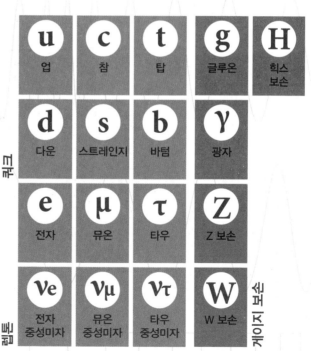

쿼크

u	c	t	g	H
업	참	탑	글루온	힉스 보손
d	s	b	γ
다운	스트레인지	바텀	광자
e	μ	τ	Z
전자	뮤온	타우	Z 보손
νe	νμ	ντ	W
전자 중성미자	뮤온 중성미자	타우 중성미자	W 보손

렙톤

게이지 보손

느린 빛

특수 상대성 이론의 핵심은 광속은 어디에서나 일정하다는 사실이다(진공에서 빛의 최고 속도 299,792,458 m/s). 하지만 보스-아인슈타인 응축물은 빛의 속도에 영향을 미친다. 비록 실용성 있는 활용안을 찾지 못했지만, 놀랍게도 사람의 걸음걸이 정도로 빛의 속도를 늦출 수 있다.

하버드 대학교 소속 덴마크의 물리학자 하우(Lene Vestergaard Hau)는 온도를 절대 영도에 가깝게 낮추어 나트륨 이온 응축물을 만들어냈다. 먼저 첫 번째 레이저를 이용해 빛이 응축물을 통과할 수 있는 경로를 연

▼ 빛을 느리게 만드는 실험은 정밀한 레이저 광학 기술을 필요로 한다.

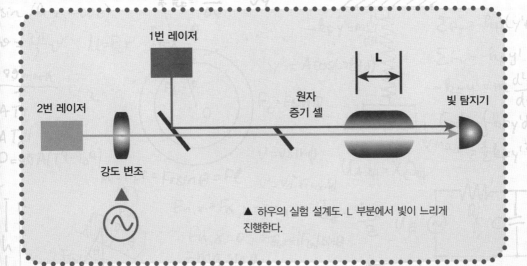

▲ 하우의 실험 설계도. L 부분에서 빛이 느리게 진행한다.

다. 이는 두 번째 레이저의 지원을 받아야 통과할 수 있는 일종의 선봉대로 혼자서는 응축물을 완전히 통과할 수 없다. 매질을 통과해 나아가던 빛은 처음에는 17m/s, 나중에는 1m/s로 속도가 점점 느려졌다. 곧 두 번째 레이저를 비추자, 빛은 매질을 완전히 통과했다.

빛을 정지시키기 위해 고안해낸 다른 방법은 보스-아인슈타인 응축물에 회오리를 만드는 것이었다. 만약 이 작은 소용돌이가 충분히 빠르게 돌 수 있다면 빛보다 빠르게 움직이는 유체가 일종의 광학 블랙홀을 만들어 빛을 빨아들여 탈출할 수 없게 한다.

정지 신호

• • •

최근에 진행한 하우의 실험에서는 첫 번째로 발사한 레이저의 속도가 천천히 줄어들면서 거의 정지한 채로 빛이 응축물 안에 갇혔다. 다시 레이저를 가동하자 갇혀있던 광자가 탈출했다. 사실 응축물은 '암흑 상태'로 알려진 빛과 물질의 혼합물을 만들어낸다.

레이저가 눈에 보일 수 있도록 연기를 사용해 촬영 준비를 하느라 하우의 실험은 며칠 동안 중단되기도 했다.

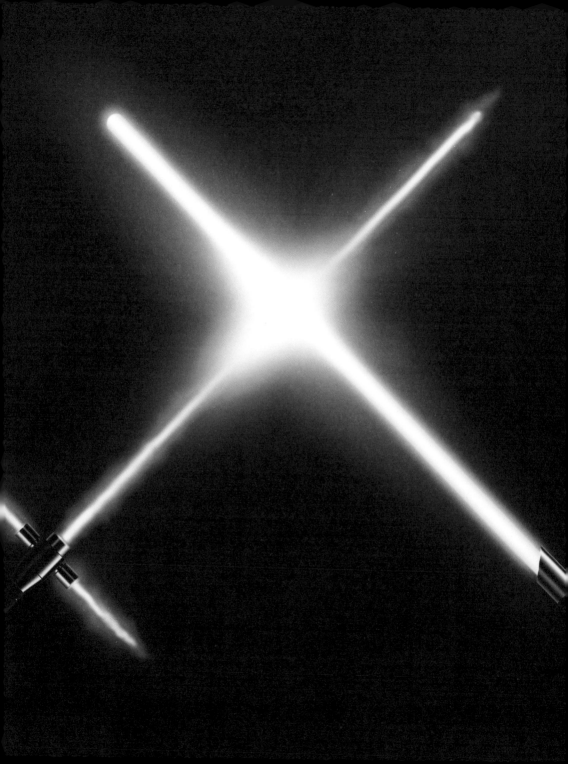

광선검은 실존하는가?

특이한 양자 작용을 저온 환경에서 실험한 예시는 더 있다. 2013년에 "MIT와 하버드 과학자들이 우연히 광선검을 만들어내다"라는 기사가 헤드라인을 장식했다. 꽤 인상적이지만 해당 대학 언론 기사를 참고해서 쓴 제목이라 다소 과장된 감이 있다.

보스–아인슈타인 응축물은 빛을 왜곡하기 위한 실험에 다시 한 번 동원되었다. 빛의 광자는 서로를 완벽히 무시한다. 만약 방 내부를 가로지르는 여러 광자의 흐름이 서로 충돌한다면 아수라장이 될 것이다. 가시광선뿐만 아니라 전자기 스펙트럼도 우리 눈으로 감지할 수 있다. 라디오, 텔레비전, 와이파이, 전화기, 와이파이 공유기 모두 각자의 광자 흐름이 있으며, 이들마저 서로 부딪히기 시작하면 총체적 난국이 따로 없을 것이다. 하지만 '광선검' 실험에서는 두 개의 광자가 서로 효과적으로 엉겨 붙어 일종의 빛 분자를 형성해야 했다.

두 개의 광자가 응축물을 통과할 때 하나는 보스–아인슈타인 실험에서 사용한 첫 번째 레이저처럼 행동하고 다른 하나는 주변과 강한 상호작용을 일으키며 두 광자를 연결한다. 한 쌍의 광자는 마치 질량을 가지는 것처럼 움직이며 보스–아인슈타인 응축물 내에 머무르는 동안 서로를 끌어당긴다. 광자는 밖으로 빠져나오면, 자주 얽히기는 해도 기존의 성질을 되찾는다. 이러한 효과는 전자학의 기술을 모방하지만, 전자가 아닌 광자를 다루는 광자학에서 유용하게 사용되어 이를 이용해 더 작고 빠른 장비를 만들 수 있을지도 모른다.

마치 물리학자들이 광선검을 만드는 데 아주 오랜 시간을 투자했다는 듯 "과학자들이 마침내 그럴듯한 광선검을 구현해냈다"라고 작성된 헤드라인도 있었다.

◀ 광선검은 훌륭한 공상 과학 소설 주제이지만, 보스–아인슈타인 응축물로는 만들어낼 수 없다.

거시 세계와 미시 세계

가장 놀라운 양자 실험은 아마도 우주, 즉 거시 세계에 있는 우리의 존재일 것이다. 우리는 양자 입자로 구성된 물체에 둘러싸여 있으며 각 입자는 지금까지 우리가 탐구했던 미시 세계의 법칙에 따라 행동한다.

이와 동시에 양자 입자는 실재의 절대 기반을 제공한다. 하지만 우리가 생활하는 거시 세계는 변하지 않고 성질이 확고해 보이는 일상 물체들로 가득하다. 냉장고에 넣어 둔 치즈에 나타나는 불확정성은 누군가 몰래 먹었는지 아닌지 뿐이다. 치즈를 구성하는 입자는 양자 터널링(→ 114쪽)이 가능하지만 치즈가 다른 곳으로 이동하는 일은 없다.

미시와 거시의 흐릿한 경계는 아인슈타인을 비롯한 많은 사람이 양자물리를 이해하는 데 어려움을 겪게 한다. 의심의 여지 없이 양자는 기이하게 움직이고 있지만, 우리의 직관으로는 도저히 일어날 수 없는 일처럼 느껴진다. 보통 거대한 구조물의 경우 양자 입자끼리 일어나는 상호작용이 양자적 기이함을 '길들여' 밖으로 드러나지 않는다고 주장하지만 여전히 이해하기 어렵다.

명백한 괴리에도 불구하고 우리가 경험하는 모든 거시 세계의 물체들은 양자 작용 없이는 제대로 작동하지 않는다. 양자 터널링 없이는 태양도, 별도 빛을 잃는다. 양자 상호작용 없이는 우리가 아는 모든 물질은 눈에 보이지도, 고체 상태로 존재하지도 못한다.

초전도체 같은 물질이 흥미로운 이유는 거시와 미시의 경계선에 있기 때문이다. 우리가 직접 경험할 수 있고 관찰 가능한 거시 세계의 양자 작용으로는 수은 와이어, 액체 헬륨 웅덩이 등이 있다.

◀▼ 우리가 경험하
는 거시 세계는 전부 양
자 입자로 이루어져 있지만,
우리의 예상대로 움직인다.

◀▼ 미시 세계의 양자 입자는 확률에
의해 움직이며 직관에 따르지 않는다.

양자 효소

생물학은 양자 작용의 중요성을 점점 체감하고 있는 분야다. 상당한 수의 생물학적 과정이 양자물리를 토대로 하는데, 이는 단순히 물질이 양자 입자로 이루어져 있기 때문이 아니라 양자 작용이 결과에 큰 영향을 미치기 때문이다.

1970년대부터 양자 효과를 생물학에 접목하려는 시도 중 하나가 효소에 관한 것으로, 효소는 음식의 소화 과정에서부터 생물 활동에까지 빼놓을 수 없는 존재다. 때에 따라

효소가 촉매 역할을 하면서 양성자나 전자가 양자 터널링을 일으켜 반응을 일으키도록 관여한다는 사실 역시 이미 정립되어 있다. 이러한 활동은 내장이 음식으로부터 에

▶ 생물 계면 활성제는 효소의 양자 작용을 이용해 지방이나 탄수화물 같은 거대 분자를 분해하여 얼룩을 쉽게 지우도록 돕는다.

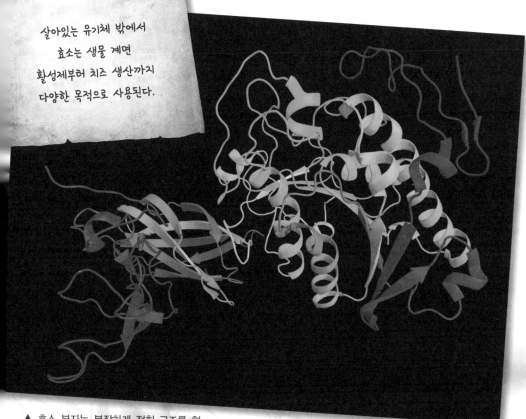

살아있는 유기체 밖에서 효소는 생물 계면 활성제부터 치즈 생산까지 다양한 목적으로 사용된다.

▲ 효소 분자는 복잡하게 접힌 구조를 형성하고 있다.

너지를 흡수할 때 필요하다. 일부 입자는 장벽을 넘을 수 있는 충분한 에너지를 갖기 때문에 양자 작용 없이도 이러한 과정은 이루어질 수 있다. 그러나 생물 활동에서 양자 작용이 개입하면 반응 속도를 크게 높여, 많은 경우 수천 배까지 빨라진다.

효소는 내장에서 소화를 돕는 일 외에 화학 신호의 전송이나 에너지 전달 물질 흐름의 제어와 같은 생명체에서 일어나는 많은 반응에 활발하게 관여한다.

양자 생존

• • •

생물 활동을 빠르게 하는 양자 작용이 없었더라면 인간을 포함한 많은 생물체는 살아남을 수 없었을 것이다. 양자 작용은 태양이 빛을 내어 인간이 살 수 있는 환경을 만드는 것 외에도, 우리가 생물학적으로 존재할 수 있도록 돕는다.

DNA와 터널링 현상

DNA(디옥시라이보핵산) 분자는 생명 설계의 핵심으로, 생명체의 성장과 번식에 관한 유전 지침을 제공하는 많은 양의 유전 정보를 저장한다.

유전 정보는 DNA의 나선 구조가 풀렸다가 재구성되는 과정에서 쉽게 복제된다. 이러한 복제 메커니즘은 유전 암호의 변형이 끼어들 수 있는 이유 중 하나로서 진화의 원인이며, 여기서 양자 터널링 현상이 일어난다.

직접적인 작용

지금까지 생물 세포의 습하고 따뜻한 환경은 영구적으로 결잃음(→110쪽)을 유발하기 때문에 어떠한 양자 작용도 일어날 수 없다고 여겨졌다. 그러나 이 메커니즘의 존재를 실험적으로 증명한다면, 양자 현상이 거시 물체에 직접적인 영향을 미칠 수 있음을 보여주는 강력한 증거가 될 것이다.

'염기쌍'으로 알려진 발판 부분은 수소 결합의 전자기 인력으로 이어지는데, 반으로 자르면 발판 양쪽 끝부분에 질소나 산소 원자가 끌어당기는 수소 양성자가 있다. 하지만 양성자 사이의 거리가 짧기 때문에 양자 입자인 양성자는 다른 쪽으로 터널링해서 넘어갈 수 있다. 만약 양성자의 위치가 달라졌을 때 DNA가 복제되면 돌연변이를 유발할 수 있다.

◀ 1번 염색체 DNA는 보통 방추체로 둘러싸여 있으며 현미경으로 보면 다발처럼 생겼다.

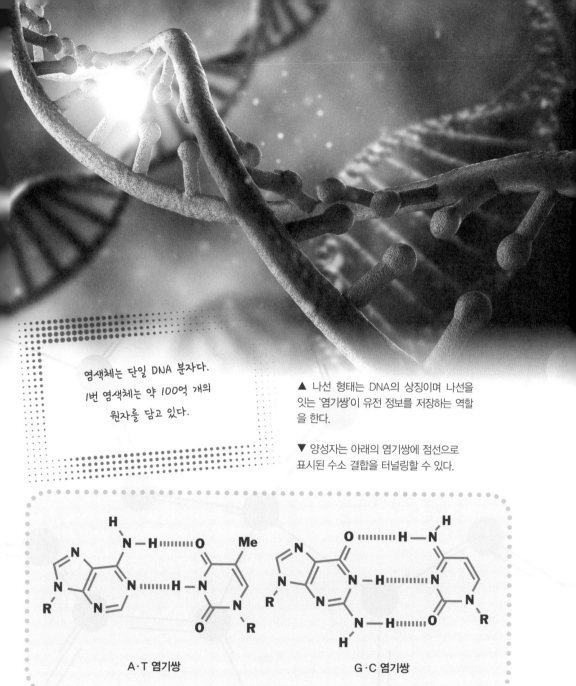

영색체는 단일 DNA 분자다.
1번 영색체는 약 100억 개의
원자를 담고 있다.

▲ 나선 형태는 DNA의 상징이며 나선을
잇는 '염기쌍'이 유전 정보를 저장하는 역할
을 한다.

▼ 양성자는 아래의 염기쌍에 점선으로
표시된 수소 결합을 터널링할 수 있다.

A·T 염기쌍

G·C 염기쌍

광합성

양자 작용에 직접 의존하는 생물학적 과정 중 가장 분명하게 관측할 수 있는 것은 빛을 발산하거나 흡수하는 현상을 수반하는 경우일 것이다.

제일 친숙하고 중요한 작용은 광합성으로, 이를 통해 식물은 빛 에너지를 화학 에너지로 바꾸어 생명을 유지하고 성장한다. 빛의

광합성 과정에는 가장 빠른 화학 반응이 포함되어 있으며 1조분의 1초밖에 걸리지 않는다.

▼ 숲의 녹지는 광합성의 양자 작용으로 동력을 얻는 자연의 발전소다.

광자가 엽록소 분자의 전자에 에너지를 전달하면, 복잡한 과정에서 일어나는 첫 번째 양자 작용을 볼 수 있다.

에너지는 광합성 반응의 중심이 되는 식물 세포로 보내져야만 사용될 수 있다. 이는 전자의 에너지가 파동과 같은 과정을 거치므로 에너지 손실 없이 분자에서 분자로 이동할 수 있다. 양자 결맞음(quantum coherence)이 일어나 에너지를 흘리면서 여러 경로를 동시에 거쳐 목적지에 도달하는데 이는 파장과 위상이 같은 파동으로 결맞음을 만들어내는 레이저와 비슷한 원리다. 또한 에너지

전달 과정은 양자 사건의 특징인 확률적 측면을 이용하는 것처럼 보이는데 마치 양자 컴퓨터(➜ 284쪽)가 최적의 경로를 찾는 모습과 유사하다.

전자의 흐름은 세포막을 통과하는 양성자의 움직임을 가속하며 자연의 에너지 저장 분자인 의 생산을 유도한다. 전자가 마지막으로 엽록소로 돌아왔을 때 대기로 배출되는 산소 분자는 우리가 마실 수 있는 신선한 공기가 된다.

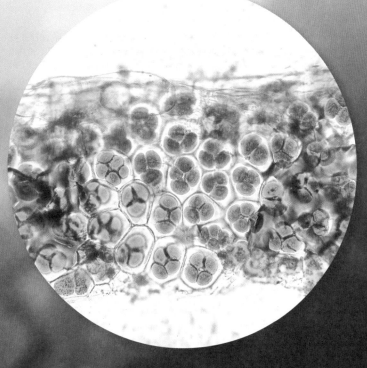

▶ 광합성 반응은 엽록체라고 불리는 식물 세포 안의 구조물에서 일어난다.

비둘기가 길을 찾는 원리

전서구나 유럽 울새를 비롯한 많은 새들은 지형지물을 보지 않고 길을 찾을 수 있는 능력이 있다. 한동안 새에 생체 나침반이 있어 지구의 자기장을 읽는다고 생각되었으나, 정확히 어떤 메커니즘에 의한 것인지는 구체적으로 밝혀지지 않았다.

이 역시 양자 작용의 일부다. 많은 지지를 받는 제안은 들어오는 빛 에너지가 분자를 '유리기'라고 부르는 전하를 띤 물질로 나눈다는 것이다. 유리기는 제어가 안 될 경우, DNA에 손상시켜 암을 유발하는 활성 산소이지만, 유리기 쌍마다 있는 여유 전자가 작은 나침반 역할을 해준다. 이는 전자 스핀의 방향이 자기장(→ 152쪽)의 영향을 받기 때문이다.

자기장은 전자 스핀과 크립토크롬이라는 눈 속의 화학 물질 사이의 상호작용에 영향을 미친다. 크립토크롬은 지구의 자기장에 반응하며 새의 뇌로 위치 정보를 전달하는 나침반 역할을 한다.

유리기

• • •

유리기는 음식 이름처럼 들리지만 사실 산소와 같은 원자로 이루어진 화학적 화합물이다. 유리기를 이루는 원자들은 산소처럼 홀전자를 갖고 있어 다른 분자와 쉽게 반응한다. 몸속의 유리기를 제어하지 못하면 다른 분자와 반응하면서 손상을 일으키므로 과잉 생성되면 DNA 구조에 피해를 줄 수 있다. 하지만 많은 생물학적 과정에서는 안전하게 쓰인다.

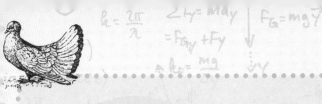

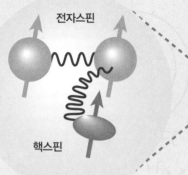

전자스핀

망막

핵스핀

유럽 울새

▲ 새는 눈에 있는 '크립토크롬'이라는 분자의 스핀 변화로 자기장의 변화를 탐지할 수 있다.

▼ 지구 자기장은 행성 전체를 둘러싸고 있으며 새에게 일종의 지도를 제공한다.

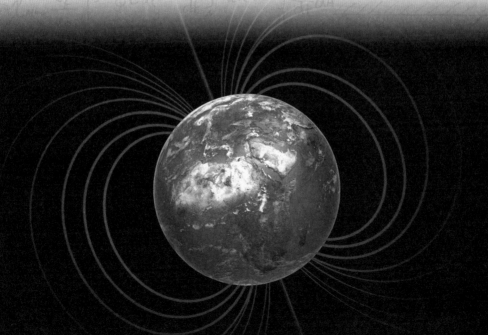

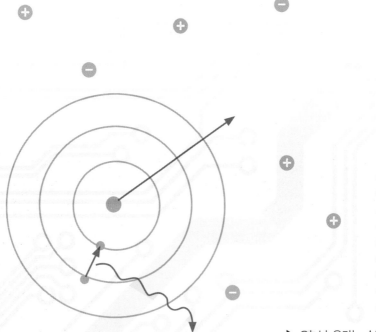

CHAPTER 9

일상 속 양자 세계

▶ 오늘날 우리는 수많은 양자 기술의 향연 속에서 생활한다. 일상에서 떼려야 뗄 수 없는 스마트폰 역시 다양한 양자 장치로 이루어져 있다.

유비쿼터스 양자

양자물리는 그 자체로도 충분히 매혹적이지만 물리학에서 가장 넓게 응용되는 분야이며, 양자적 발견 덕분에 선진국의 총생산 약 35퍼센트를 차지하게 된 재료과학에도 접목되고 있다.

▲ 집에서 사용하는 양자 장치.

양자물리는 물질과 빛의 성질을 묘사할 때 빠뜨릴 수 없지만, 9장에서는 양자 효과를 유용하게 사용하는 사례를 중심으로 살펴보고자 한다.

지금까지 실용 과학자와 공학자가 양자를 다루는 방식은 크게 세 단계로 발전했다. 초기에 양자 효과를 응용했던 것은, 모든 물질은 양자로 구성되어 있고 물질을 이용하기 위해서는 물체를 이루는 원자를 조작한다고 생각했기 때문이다. 19세기 말에 이르자 자기장과 전기장의 조작과 같이, 양자 작용은 전자와 함께 더 직접적으로 활용되기 시작했다. 1950년대부터 획기적인 성능의 새로운 장치를 생산하기 위해 양자적 특징을 이용하는 물체와 제품을 개발하려는 의식적인 시도가 있었으며, 대표적인 사례로는 독특한 양자 작용을 일으키도록 특수 제작한 전자 제품이나 물질이 있다.

오늘날의 스마트폰은
스크린이나 플래시
메모리부터 GPS
기술과 프로세서까지,
다양한 양자 기술의
집약체이다.

생활 속 양자 기술

● ● ● ● ● ● ● ●

지금 휴대폰, 컴퓨터, 노트북,
텔레비전과 같은 전자기기를 이용
중이라면 양자물리를 기반으로 한
기술을 사용하고 있다는 뜻이다.

▼ 스마트폰의 모든 부품은 하나 이상의 양자
기술을 사용한다.

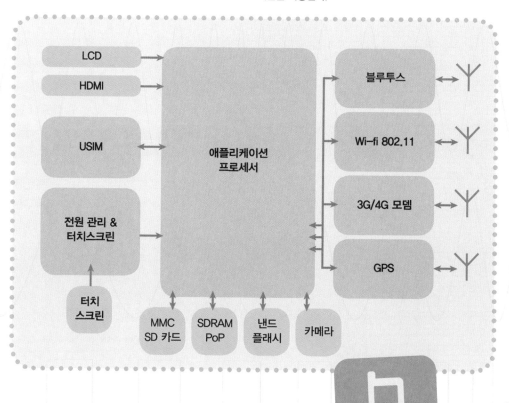

우연과 양자 작용

비록 의식은 하지 못했지만, 인간은 처음 지구에 나타났을 때부터 지금까지 양자 작용의 혜택을 받아 왔다. 우리에게 직접적으로는 열과 빛을 제공하고, 간접적으로는 살아갈 환경과 식량을 만들어 주었던 고마운 존재가 있다. 바로 태양이다. 태양은 지구에서 4광년 거리 내에서는 양자 작용을 동력으로 삼는 존재 중 가장 크다.

보이지 않는 양자 현상

· · · · · · · · ·

직접적으로든 간접적으로든, 양자물리를 활용하는 것이 그렇지 않은 것보다 훨씬 많다. 사랑이나 예술에 대한 감상도 뇌에서 양자 과정이 수반되지만 무형의 개념이며, 양자물리의 범위에서 완전히 벗어난 예외는 중력뿐이다. 296쪽에서 다루겠지만, 중력조차 양자물리의 일부일지도 모르나, 지금까지의 시도는 모두 무위로 돌아갔다.

취사나 난방을 위해 불을 사용하는 상황처럼, 우리가 일상에서 사용하는 모든 화학 반응은 양자 과정을 수반한다. 앞에서 언급했던 것처럼, 당시에는 알지 못했으나 화학 반응은 양자 개념 그 자체인 원자 구조물에 의해 일어난다. 또한 아주 최근에서야 수세기 동안 활용해온 전자기와 자기 현상 뒤에 양자적 성질이 있다는 사실을 알아차렸다.

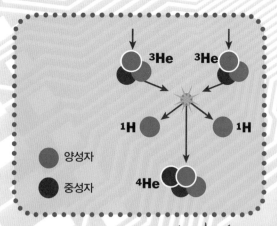

▶ 양자 터널링이 없다면, 양전하를 띤 태양의 원자핵이 융합할 수 있을 만큼 가까이 붙지 못할 것이다.

많은 과학자가 의식을 형성하는 생물학적 과정에서 러널링과 같은 양자 작용이 일어난다고 생각한다.

▶ 화학 반응이나 자기력이든 불꽃 속의 플라즈마든, 양자 과정은 실재의 핵심에 존재한다.

크룩스관

양자 기술의 두 번째 발전 단계는 전자를 중심으로 이루어졌다. 영국의 화학자 이자 물리학자인 크룩스를 기려 명명한 크룩스관을 사용했는데, 역사적으로도 의미가 있었다.

초기의 크룩스관은 내부의 공기를 거의 빼내어 밀폐시킨 유리관이었는데, 관의 한쪽 끝에 설치한 음극에서 전자가 튀어나와 반대쪽 끝에 설치한 양극으로 향했다.

이때 '음극'에서 전자가 튀쳐나왔기 때문에 전자의 흐름을 '음극선'이라고 불렀다. 많은 전자가 양극에서 흡수되었지만 일부

음극선관 텔레비전

• • • • • • • •

음극선 실험 이후 얼마 지나지 않아 전기장과 자기장을 이용해 음극선의 경로를 바꾸려는 시도가 있었다. 이때 탄생한 메커니즘을 응용한 제품이 CRT(음극선관) 텔레비전이며 1990년대까지 널리 쓰였다.

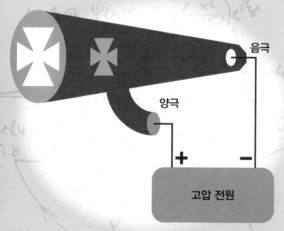

▲ 양극은 보통 몰타의 십자가 형태를 가진다.

전자는 양극을 지나쳐서 유리에 부딪히는 현상이 나타났다. 유리 원자의 전자가 음극에서 튀쳐나온 입자에 의해 높은 에너지 준위로 올라갔다가 다시 떨어지면서 빛을 내었다. 이후, 실험 결과를 분명하게 확인할 목적으로 형광 물질을 관 끝에 칠했다.

처음에는 크룩스관에서 나타나는 발광 현상의 정체를 정확히 알 수 없었지만, 전자(→ 40쪽)의 존재를 발견한 후에는 전자와 관련되어 있다는 사실을 확신하게 되었

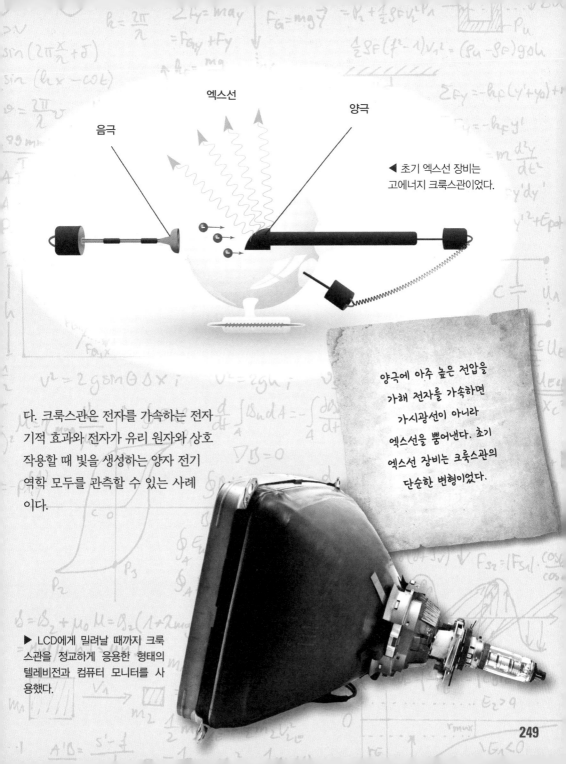

음극

엑스선

양극

◀ 초기 엑스선 장비는
고에너지 크룩스관이었다.

양극에 아주 높은 전압을
가해 전자를 가속하면
가시광선이 아니라
엑스선을 뿜어낸다. 초기
엑스선 장비는 크룩스관의
단순한 변형이었다.

다. 크룩스관은 전자를 가속하는 전자
기적 효과와 전자가 유리 원자와 상호
작용할 때 빛을 생성하는 양자 전기
역학 모두를 관측할 수 있는 사례
이다.

▶ LCD에게 밀려날 때까지 크룩
스관을 정교하게 응용한 형태의
텔레비전과 컴퓨터 모니터를 사
용했다.

▲ 백열전구는 아주 높은 온도까
지 필라멘트를 가열해서 빛을 낸다.

전자공학

전자공학이라고 하면 반도체를 이용하는 장치를 먼저 떠올리게 되지만, 사실 최초의 전자공학은 크
룩스관에서 태어났다. 처음에는 광선으로 여겼던 것은 자기장과 전기장으로 제어할 수 있는 전자의
흐름이라는 사실을 곧 알게 되었다. 전자공학은 전자의 제어를 다루며, 텔레비전, 컴퓨터, 휴대폰을
사용할 때 내부에서 일어나는 모든 일은 전자의 제어로 발생한다.

초기 크룩스관 실험에서는 공기를 거의 빼
낸 관에 방전을 일으켜 전자의 흐름을 만들
었다. 이온화된 공기 분자가 전자를 양극으
로 밀어내는 원리였다. 하지만 진공 기술이
발달하게 되면서 관 내부를 더 완벽한 진공
상태로 만들게 되었고, 입자의 이동 경로에

영향을 주는 공기 분자가 줄어들어 더 많은
전자가 반대쪽 끝에 도달하는 결과로 이어
졌다. 또한 전구에 흔히 사용하는 필라멘트
를 내부에 넣고 진공으로 전자를 방출할 때
까지 가열하는 방식을 채택했다.
　크룩스관이 관상용에 머무르지 않았던 것

은 전자기장의 조작이 가능했기 때문인데, 그중에서도 쉽게 끄고 켤 수 있는 전하를 띤 판이 중요한 역할을 했다. 덕분에 양극으로 향하면서 가속을 받는 전자의 흐름을 마음대로 제어할 수 있었다.

일반 자석으로도 전자빔의 경로를 바꿀 수 있으나, 다양한 전하 또는 전자석을 사용하면 전자의 경로를 유연하게 바꿀 수 있었다. 덕분에 화면에, 전자로 '글을 쓰거나'

형광 물질로 이루어진 이미지를 필요한 만큼 띄우는 작업이 가능하게 되었다.

금속제 필라멘트는 쉽게 타버렸기 때문에 초기의 전구는 탄소 필라멘트를 사용했다. 하지만 크룩스관은 필라멘트를 전구만큼 높은 온도까지 가열할 필요가 없었기 때문에 금속제 필라멘트를 그대로 사용했다.

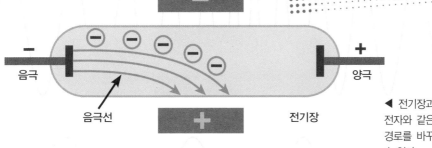

◀ 전기장과 자기장 모두 전자와 같은 대전 입자의 경로를 바꾸는 데 사용할 수 있다.

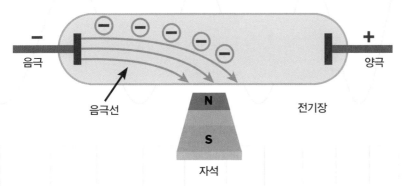

진공관

전자 장비 이용의 핵심이자 전자 회로의 공통적인 기능은 스위치를 제공하거나 신호를 증폭하는 것이다.

진공관을 생산하려면 크룩스관을 조금만 개조하면 된다. 사실, 초기의 크룩스관은 진공관의 한 종류인 '다이오드'의 조잡한 형태였다. 다이오드는 음극에서 양극으로 전자를 보내며 한쪽으로만 전류를 흐르게 하는 역할을 한다.

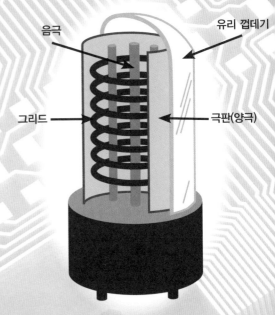

음극

유리 껍데기

그리드

극판(양극)

▲ 3극 진공관은 기존의 작은 진공관에 세 번째 전극인 그리드를 추가하여 전자의 흐름을 제어할 수 있었다.

하지만, 당시 진정한 돌파구는 3극 진공관의 개발이었다. 3극 진공관은 음극, 전자를 내뿜는 히터, 양극 그리고 망 모양의 '그리드'로 구성되어 있었다. 그리드를 내버려 두면 강한 전류가 관을 따라 흘렀으나, 그리드에 음의 전압을 강하게 걸수록 반발력으로 인해 그리드를 통과하는 전자의 수가 줄어들었다.

크기를 작게 하기 위한 노력의 일환으로, 거의 모든 진공관은 작은 유리 원통 내부에 히터/음극을 넣은 형태였다. 그리드는 주변에 구멍이 뚫린 관이었고 양극은 그리드 바깥쪽에 있는 더 큰 관이었다.

다재다능한 3극 진공관

3극 진공관은 관에 흐르는 전류를 끄고 켜는 스위치 역할과 작은 신호를 더 강한 신호로 만드는 증폭기 기능을 동시에 수행하는데, 증폭은 전자 흐름을 통해 그리드에 흐르는 전기장의 세기를 변화시킴으로써 이루어진다.

◀ 1940년대 사용했던 ENIAC 컴퓨터의 진공관 배열.

반도체

진공관은 유용한 장치였으나 문제가 많았다. 많은 진공관이 필요한 초기의 컴퓨터는 발산되는 어마어마한 열 때문에 시스템이 작동을 멈추는 경우가 빈번했다. 게다가 진공관은 깨지기 쉽고 어느 수준 이하로 소형화하는 것이 불가능했으며, 히터가 열을 받을 시간이 필요하기 때문에 전원을 켜는 데도 오래 걸렸다.

1950년대까지, 진공관처럼 스위칭 및 증폭 역할을 할 수 있으면서도 잘 깨지지 않고 크기와 에너지 효율 측면에서 더 좋은 물질을 찾기 위해 많은 실험이 행해졌다. 금속과 같은 도체와 유리를 포함한 절연체 당시 찾아낸 답은 반도체였다. 금속과 같은 도체와

◀ 송전선에 사용하는 세라믹을 포함한 부도체는 전자의 흐름을 막는다.

▼ 구리와 같은 도체에서는 전자가 자유롭게 돌아다닐 수 있다.

▲ 실리콘과 같은 반도체에는 제어할 수 있을 만큼의 전류가 허용된다. 결정질 실리콘 웨이퍼는 전자기기에 들어가는 반도체에서 가장 흔하게 사용되는 재료이다.

불순물 첨가

• • • •

실리콘이나 저마늄을 전자기기에 활용하려면 '도핑'이 필수적이다. 도핑은 다른 원소를 소량 추가하여 전자가 쉽게 띠 틈을 뛰어오르도록 하는 것으로 전도율을 높이는 효과가 있다.

유리를 포함한 절연체 사이 어딘가에 있는 재료여서, 진공관을 대체하기 위한 필수 기능이었던 전자의 흐름 제어가 가능했다.

진공관과는 다르게, 반도체 부품을 설계할 때는 '띠 틈(band gap)'의 개념을 응용하기 위해서 양자물리를 정확하게 이해해야 했다. 띠 틈은 전자가 존재하지 않는 영역으로 전기가 통하기 위해서는 전자가 이 간격을 뛰어넘어야 한다.

침전극(cat's whisker)은 이름과는 달리 고양이와는 관련이 없는 금속 선으로, 반도체 표면에 접촉하는 용도로 사용한다.

트랜지스터

'트랜지스터'는 3극 진공관을 대체하기 위해 개발한 차세대 주자였다. 1940년대 후반에 벨 연구소(당시 미국전화전신회사 연구소)에서 개발했으며 1950년대에 들어서면서 실용화가 이루어졌다.

초기 트랜지스터는 반도체를 샌드위치처럼 세 층으로 쌓은 형태였으며 각각의 반도체가 3극 진공관의 요소 역할을 했다.

　도핑에 따라 전자를 남게 하는 n형 반

▲ 최초의 트랜지스터. 바딘(John Bardeen), 쇼클리(William Shockley), 브래튼(Walter Brattain)은 '트랜지스터를 개발한 공로'로 1956년 노벨 물리학상을 받았다.

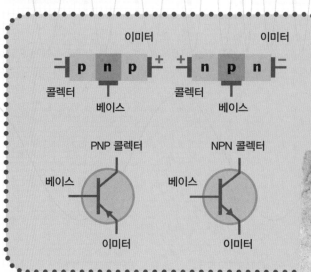

◀ 가장 기본적인 트랜지스터는 도핑된 n과 p형 물질과 접합부로 구성된다.

트랜지스터의 첫 번째 특허는 1926년에 등록되었지만, 당시 재료로는 실용적인 제품을 만들 수 없었다.

도체와 정공이 생기게 하는 p형 반도체 두 가지가 있다. 실리콘을 예로 들면, 인을 도핑하면 n형 반도체(-극)가 되고 붕소를 도핑하면 p형 반도체(+극)가 된다.

3극 진공관의 그리드처럼, 반도체 트랜지스터 샌드위치의 중앙 부분이 양쪽의 빵 사이에서 전류의 흐름을 제어하며 증폭과 전환 기능을 한다. pnp 트랜지스터에서는 n형 물질, npn 트랜지스터에서는 p형 물질이 중앙 부분에 해당한다.

정공의 중요성

• • • • • •

특별한 역할이 없어 보이는 p형 반도체를 도핑하면, 사라진 전자들로 인해 전류가 흐르기 수월해진다. 전자가 빠진 자리를 '정공'이라고 부르며 많은 수의 전자보다 적은 수의 정공을 다루는 게 편하기 때문에 실제로는 전자가 비어있는 자리지만 실재하는 개념처럼 취급하는 경우가 종종 있다.

▶ 트랜지스터를 이용한 첫 번째 공산품은 최초의 휴대용 라디오였다. 이후 너무 폭발적인 인기를 끈 나머지 휴대용 라디오 자체를 '트랜지스터'라고 부르기도 했다.

◀ 현대의 트랜지스터는 대부분 집적회로(➔258쪽)에 사용되지만 여전히 트랜지스터 장치를 개별적으로 사용하는 경우도 찾아볼 수 있다.

올인원

진공관보다 훨씬 작았던 초기 트랜지스터의 크기는 가로 1센티미터에 세로 2~10센티미터 정도였다. 당시의 기술로 14억 개의 트랜지스터를 장착한 현대식 컴퓨터 프로세서를 만들려면 엄청난 시간과 공간이 필요했을 것이다.

1950년대 후반에 들어서면서 트랜지스터가 널리 쓰이기 시작했으며 트랜지스터와 같은 복잡한 부품이 들어간 모놀리식 집적 회로가 실용화되기 시작했다. 개별 부품을 일일이 결합하는 대신, 집적 회로는 규소로 만든 얇은 실리콘 웨이퍼 위에 부품을 심는다. 아주 얇은 금속이나 다결정질 실리콘 위에 회로를 올리면 크기는 아주 작아지지만, 기존의 트랜지스터와 같은 효과를 낼 수 있다.
　이러한 접근법에는 두 가지 장점이 있다.

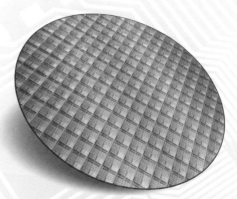

▲ 다중 집적 회로의 기초가 되는 대형 웨이퍼를 성장시킨다.

첫째, 초기 설계만 끝나면 회로 제작 시간이 아주 빠르기 때문에 대량으로 생산 가능하다. 둘째, 적은 추가 비용으로 작은 공간에 더 많은 부품을 채워 넣을 수 있다. 오늘날에는 양자 기술을 다양한 방법으로 응용하여 기존 부품의 크기를 줄이고 더 작은 집적회로를 만든다.

▲ 첨단 프로세서 칩은 십억 개가 넘는 트랜지스터를 장착할 수 있다.

무어의 법칙

• • • •

현재 제작 방식의 효율성은 인텔을
설립한 무어(Gordon Moore)의
법칙으로 증명된 바 있다. 이 법칙에
따르면, 집적회로의 성능은 2년마다
두 배로 늘어난다. 이 법칙은 40년
이상 깨지지 않았다.

집적 회로를 개발한 사람이
누구인지는 명확하지 않지만,
텍사스 인스트루먼트의 킬비(Jack
Kilby)와 페어차일드 반도체의
노이스(Robert Noyce)가
널리 알려져 있다.

레이저 발명

레이저는 내부의 '발진' 물질을 사용하는 전형적인 양자 장치다. 먼저 원자에 광자를 흡수시켜 원자 속 전자의 에너지 준위를 높인다. 불안정해진 전자는 곧 낮은 에너지 준위로 다시 떨어지면서 광자를 방출한다. 이렇게 방출된 광자가 다시 주변의 불안정한 전자를 자극하면, 광자를 흡수하지 못하고 낮은 에너지 준위로 떨어지면서 받았던 광자와 똑같은 광자를 두 개 방출한다.

발진 물질은 광자 하나를 받고 두 개를 내보내는, 일종의 빛 증폭기 역할을 한다. 그리고 레이저에서 나온 빛은 모두 위상이 같다. 다시 말해 밀집된 빔 형태로 빛을

아인슈타인과 레이저

· · · · · · · · · ·

1916년 아인슈타인이 만든 레이저의 원리와 관련된 이론은 '복사의 유도 방출'로 알려져 있다. 이후에 '복사의 유도 방출에 의한 광증폭(Light Amplification by Stimulated Emission or Radiation)'을 줄여서 레이저(LASER)라고 부르게 되었다.

▲ 1960년 5월 메이먼이 레이저를 발명했다.

방출한다는 뜻이다.

기본적인 레이저는 한 쌍의 거울 사이에 루비와 같은 발진 물질을 넣은 모습이다. 발진 물질을 자극하면 빛이 거울 사이를 왕복하면서 천천히 정렬된다. 이때 한쪽 거울은 빛을 전부 반사하지만 다른 한쪽은 부분적으로 빛을 통과시키기 때문에 강도가 충분히 올라가면 일부 광자가 밖으로 빠져나가서 우리가 사용하는 레이저 광선을 만들어 낸다.

세 명의 미국인 과학자가 레이저 개발에 기여했다. 타운스(Charles Townes)는 초기 이론을 이

끌었지만, 루비 레이저에 대해 잘못 판단하여 샛길로 빠져버렸다. 그는 발진 물질로 루비를 사용하면 실용성이 없다고 생각했으며 루비 대신 가스를 발진 물질로 사용하는 장치를 만들었다. 굴드(Gordon Gould)는 실용적인 레이저 설계에 최초로 성공했으나, 굴드의 프로젝트는 미국 국방고등연구계획국(DARPA)의 지원을 받고 있었던 관계로 보안 문제에 발목을 잡혔다. 결국 메이먼(Theodore Maiman)이 1960년 5월, 처음으로 레이저 생산에 성공했다.

메이먼의 동료가 카메라 플래시 전구 교체용으로 구입한 전기 플래시 부품이 루비 발진 물질에 빛을 가하는 데 이상적이라는 것이 증명되었다. 메이먼의 레이저가 탄생할 수 있었던 건 사진기 덕분이다.

굴드가 레이저를 개발할 때, 굴드의 연구소는 미국 국방부에서 지원을 받게 되어, 굴드도 기밀 정보 사용허가를 받아야 했다. 하지만 담당자는 굴드의 신원보증인 중 두 명이 턱수염을 기른다는 이유로 반체제 인사일지도 모른다고 생각하여 허가를 내주지 않았다. 결국, 굴드는 연구에서 쫓겨나고 자신의 공책까지 모조리 빼앗겼다.

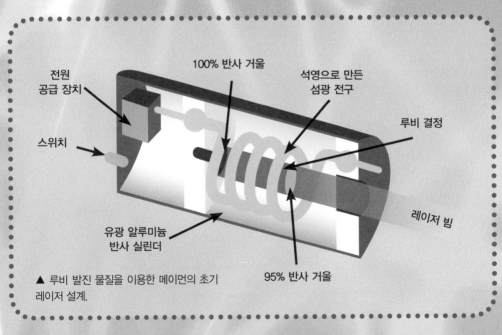

▲ 루비 발진 물질을 이용한 메이먼의 초기 레이저 설계.

100% 반사 거울
석영으로 만든 섬광 전구
전원 공급 장치
루비 결정
스위치
레이저 빔
유광 알루미늄 반사 실린더
95% 반사 거울

▲ 섬유 광학은 빛으로 아름다운 경관을 만들어내는 기술이다. 하지만 눈에 보이는 것보다 더 중요한 사실은, 섬유 광학이 없다면 오늘날의 최신 통신 시스템도 존재할 수 없다는 것이다.

레이저의 사용

레이저의 발전에 기여한 세 명의 인물 중 타운스와 메이먼은 통신 기술에 초점을 맞추었으며 이후 레이저를 응용한 광섬유가 초고속 인터넷과 장거리 통신에 필수라는 사실이 밝혀졌다.

굴드는 레이저 유도 무기처럼 레이저를 군사 목적으로 응용하게 될 것을 예측하고 가장 극적인 영업 계획을 세웠다. 굴드가 구상했던 제품은 오늘날 레이저 무기의 장점인 무반동을 가장 잘 활용할 수 있는 선박용으로 개발되고 있다.

광섬유와 레이저

• • • • • • •

영국의 물리학자 틴들(John Tyndall)은 1870년대에 물줄기에 빛을 실어서 '빛의 분수'를 만들었다. 섬유 광학에서도 비슷한 원리를 사용하여 광섬유 내부에서 진행하는 레이저 빛은 내벽에서 부딪혀 반사되고 광섬유의 굴곡을 따라 튀어 다닌다.

하지만 레이저를 이처럼 넓은 범위로 사용하게 되리라고는 아무도 생각하지 못했다. 레이저 수술과 같은 의학 분야에서부터 CD, DVD, 블루레이와 같은 광디스크와 프린터, 스캐너에 이르기까지, 레이저는 일상생활에서 떼려야 뗄 수 없는 존재가 되었다.

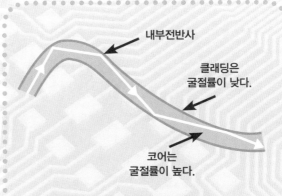

내부전반사

클래딩은 굴절률이 낮다.

코어는 굴절률이 높다.

▲ 빛은 광섬유 내부에서 반사를 거듭하며 이동한다.

굴드는 '레이저'라는 단어를 처음 사용한 사람이다. 타운스는 세 명의 과학자 중 가장 먼저 연구를 시작해 큰 성공을 거두었으며 빛이 아니라 마이크로파를 사용했기 때문에 '광학 메이저'라는 이름을 사용했다.

◀ CD나 레이저 프린터와는 다르게 슈퍼마켓에 있는 스캐너의 불빛은 사람의 눈으로 볼 수 있다.

263

홀로그램

홀로그램은 발전 가능성이 많이 남아 있는 초기 레이저의 응용 분야 중 하나다. 이미지를 사진으로 보는 것과 비슷한 크기의 유리를 통해 실물을 직접 관찰하는 것은 확연히 다르다. 작은 유리 조각을 가지고 무언가를 감상한다는 말이 이상하게 들리겠지만, 사실 여기에 중요한 원리가 숨어있다. 우리가 유리를 통해 경치를 보면, 물체에서 나온 광자들이 각기 다른 위상과 다양한 방향으로 유리에 도착한다. 관찰 지점을 옮기면 관점

헝가리 출신 영국의 물리학자 가보르(Dennis Gábor)가 홀로그램 기술의 특허를 받은 것은 1947년이었으나 실제로 작동하는 모형은 최초의 반도체 레이저가 개발된 이듬해인 1964년에야 제작되었다.

이 달라지며 물체가 보이는 모습도 바뀐다. 홀로그램은 유리 같은 표면에 물체에서 튀어나왔던 광자의 정보를 저장해 두었다가 필요할 때 3차원 이미지로 투영해낸다.

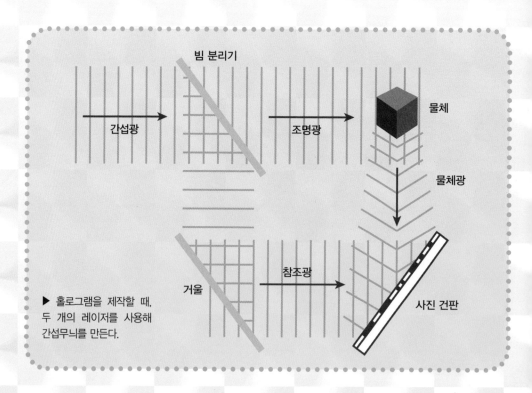

▶ 홀로그램을 제작할 때, 두 개의 레이저를 사용해 간섭무늬를 만든다.

홀로그램을 제작하려면 두 개의 레이저 또는 하나의 광원에서 나오는 두 갈래 빛이 필요하다. 하나는 피사체를, 다른 하나는 사진 건판에 빛을 비춘다. 여기서 두 레이저 사이의 간섭무늬를 저장해 두었다가, 다른 레이저가 사진 건판을 비추면 당시의 모습을 투영한다.

그동안 홀로그램 기술에 많은 발전이 있었지만, 저장 과정에서 자연광이 아닌 레이저를 사용해야 하는 데다 제작 시간도 오래 걸리기 때문에 여전히 번거롭다. 홀로그램을 제대로 실용화하기 위해서는 아직 갈 길이 멀다.

▶ 홀로그램을 보기 위해서는 유리에 레이저를 비추어 3D 이미지를 만들어야 한다.

가상 이미지

재생 레이저

사진 건판

복원된 파면

관측자

홀로그램 인쇄

· · · · · ·

신용카드와 지폐의 홀로그램은 빛을 비추면 호일 위에 있는 두 개 이상의 투명한 층 사이에 간섭무늬가 나타나는 원리로 작동한다. 전형적인 투과형 홀로그램보다 품질이 나쁘다.

▶ 가장 흔한 홀로그램은 지폐에 사용하는 위조 방지 장치다.

전자 현미경

가보르가 홀로그램의 개념을 떠올렸던 계기는 전자 현미경이었다. 홀로그램은 전자 현미경의 해상도를 개선하기 위한 일종의 양자 돌파구였다. 실제로 전자 현미경은 1930년대 이래로 양자물리를 가치 있게 적용한 대표적인 사례였다.

전자가 파동의 성질을 가진다는 개념은 현미경에 사용하던 광자를 전자로 바꿔보자는 생각으로 이어졌다. 기존의 광학 현미경은 빛의 파장보다 작은 물질을 관찰할 수 없었던 반면, 전자의 파장은 가시광선보다 1천 배 이상 짧았으므로 전자 현미경을 사용하면 화질을 크게 개선할 수 있었다.

다양한 전자 현미경

●●●●●●●●●

최초의 전자 현미경은 일반적인 광학 현미경과 비슷하게 반투명 물체를 통해 빛을 통과시키는 원리였지만, 시간이 지나면서 다양한 전자 현미경이 개발되었다. 양자 현미경의 한 종류인 주사 터널 현미경은 탐침과 시료 표면 사이에서 일어나는 양자 상호작용을 이용하며 원자 수준까지 상을 만들 수 있다. 이 현미경의 또 다른 인상적인 기능은 시료 위에 원자를 마음대로 옮겨놓을 수 있다는 점이다. 1989년에 연구자들이 주사 터널 현미경을 사용하여 니켈 결정 표면에 35개의 제논 원자로 IBM이라는 글자를 적는 것에 성공했다.

◀ 투과 전자 현미경이 물체를 통과하는 전자빔을 쏘는 반면, 주사 전자 현미경의 경우 표면을 자극해 튀어나오는 전자(혹은 광자)를 주변의 감지기로 관찰하는 방법을 사용한다.

◀ 전자 현미경은 전자 빔을 사용해 시료를 관측한다.

광학 현미경은 최대 2,000배율이지만 전자 현미경은 이론상 1천만 배율까지 가능하다.

▶ 전자 현미경으로 물체를 보면 아주 기이한 미세 구조가 나타난다.

자기 공명 영상 장치

가장 많이 사용되는 양자 장치 중 하나는 자기 공명 영상(MRI) 장치다. 1970년대에 개발한 이 장치의 원래 이름은 '핵 자기 공명(NMR)' 장치였으나 '핵'이라는 단어의 부정적인 어감 때문에 지금의 이름으로 바꾸었다.

MRI 장치의 메커니즘은 양자 작용이다. 인체는 많은 양의 물로 이루어져 있으며 물 분자는 각각 한 쌍의 수소 양성자를 가지고 있다. 환자가 장치에 들어가면 아주 강력한 자석이 양성자의 양자 스핀을 변화시킨다. 자기장이 꺼지면, 양성자는 다시 기존의 스핀 상태로 돌아가며 받았던 전파와 같은 주파수로 전파를 방출한다. 물 분자는 아주 작은 라디오 송신기 역할을 하며 환자 주변에 수신기를 설치해 분자가 방출한 전파를 감지한다.

이러한 과정을 수행하려면 아주 강력한 자석이 필요한데, 초전도체(→220쪽) 전자석을 이용하기 위해 액체 헬륨으로 아주 낮은 온도로 냉각한다. 다시 말해 양자 스핀을 사용한 메커니즘과 초전도 자석을 이용해 스핀을 뒤집는 기술 모두 양자 작용을 기반으로 한다.

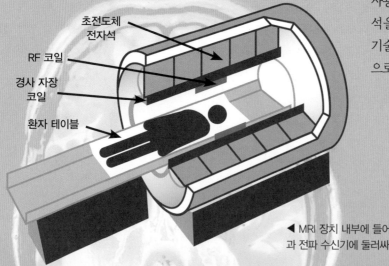

초전도체
전자석

RF 코일

경사 자장
코일

환자 테이블

◀ MRI 장치 내부에 들어가면 자석과 전파 수신기에 둘러싸이게 된다.

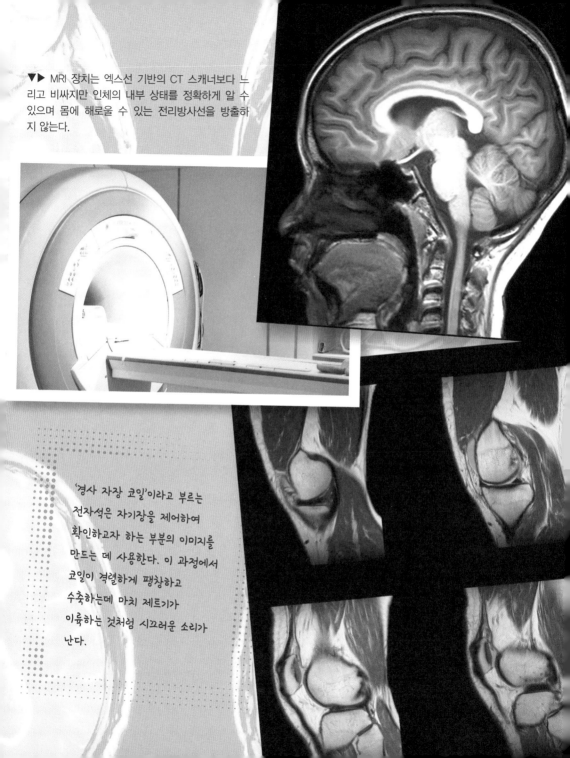

▼▶ MRI 장치는 엑스선 기반의 CT 스캐너보다 느리고 비싸지만 인체의 내부 상태를 정확하게 알 수 있으며 몸에 해로울 수 있는 전리방사선을 방출하지 않는다.

'경사 자장 코일'이라고 부르는 전자석은 자기장을 제어하여 확인하고자 하는 부분의 이미지를 만드는 데 사용한다. 이 과정에서 코일이 격렬하게 팽창하고 수축하는데 마치 제트기가 이륙하는 것처럼 시끄러운 소리가 난다.

자기부상열차

초전도체는 아직 널리 상용화된 편은 아니다. 한 가지 재미있는 가능성은 초전도 자석을 이용하여 초고속 열차를 만드는 것이다.

지금까지의 열차는 바퀴와 선로 사이에서 발생하는 마찰력의 저항을 받을 수밖에 없었다. 하지만 자기부상열차는 자석의 척력을 이용해 몸체를 궤도 위로 띄워 운행하기 때문에 철로와 마찰이 발생하지 않는다.

수백 톤의 열차를 띄우는 일은 상당히 까다로운데 오직 초전도 자석만이 충분한 힘을 낼 수 있다. 자기장의 세기에 변화를 주어서 마치 가속기로 입자의 속도를 높이듯이 열차의 속도에 가속을 가하여 궤도를 따라 밀어내는 목적으로 사용할 수 있다.

▶ 일본은 열차의 초전도 자석이 주변에 자기장을 유도해 열차를 들어 올리는 방식을 채택했다.

◀ 최초의 상업용 자기부상열차는 1984년에서 1995년까지 버밍엄 공항과 버밍엄 역 사이를 운행했다.

기존 고속철도의 운행 속도는 시속 250킬로미터 정도였으나 일본이 제작한 프로토 타입은 시속 600킬로미터가 넘는다.

▼ 주오 신칸센 자기부상열차는 도쿄와 나고야 간 운행을 시작으로 이후 오사카까지 노선을 확대할 계획이다.

플래시 메모리

기이한 양자 터널링은 태양에만 나타나는 현상이 아니다. 누구나 하나 쯤은 가지고 있을 제품에 들어가는 기술의 핵심이기도 하다. 바로 플래시 메모리다.

컴퓨터 메모리는 정보를 0 혹은 1로 등록하기 위해 전하량을 사용하며 이 과정에서 메모리를 안정적인 상태로 유지하기 위해 지속적인 전원 공급이 필요하다. 하지만 SSD, 메모리 스틱, 휴대폰에서 찾을 수 있는 플래시 메모리의 경우 전원이 꺼져도 가지고 있는 정보가 사라지지 않는다.

컴퓨터 메모리는 오직 0 혹은 1로만 정보

를 저장하고 비트는 스위치 역할을 하는 트랜지스터의 상태에 따라 전류가 흐르면 1, 흐르지 않으면 0으로 구분한다. 플래시 메모리는 플로팅 게이트 트랜지스터라고 부르는 트랜지스터를 사용한다. 여기서 '게이트'는 절연체 사이에서 스위치 역할을 한다. 플로팅 게이트에 전자가 있느냐 없느냐에 따라 값이 달라지지만, 게이트에 직접 전자를 집

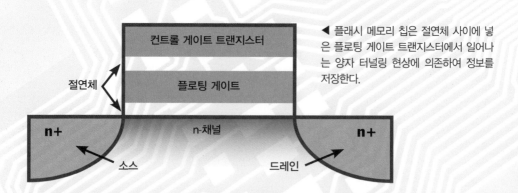

◀ 플래시 메모리 칩은 절연체 사이에 넣은 플로팅 게이트 트랜지스터에서 일어나는 양자 터널링 현상에 의존하여 정보를 저장한다.

어넣을 수는 없다. 대신, 전자가 양자 터널링(→114쪽) 현상을 일으키도록 유도하여 절연체의 장벽을 넘도록 한다.

　초기의 플래시 메모리는 느리고 비싸서 전문적인 용도로만 사용했다. 그러나 속도도 빨라지고 내구성도 강해짐에 따라 하드 디스크의 대용품으로서 휴대용 장비에 사용되고 있다.

1980년대 초 일본인 전자공학자 마스오카(Fujio Masuoka)는 도시바에서 플래시 메모리를 발명했다.

▶ 모든 탈착식 메모리 카드에는 플래시 메모리가 내장되어 있다.

▼ SSD는 깨지기 쉬운 자기 디스크 대신 플래시 메모리 칩을 사용한다.

양자 사진술

사진만큼 양자물리에 의해 송두리째 변해버린 산업도 없을 것이다. 우리의 삶을 바꾼 디지털 카메라의 역사가 궁금하다면 한때 세계를 휩쓸었으나 결국 파산 보호 신청을 낸 코닥의 일대기를 돌아볼 필요가 있다.

코닥의 몰락 뒤에는 양자 기술이 있었다. 디지털 사진술에는 CMOS(상보형 금속산화반도체)와 CCD(전하결합소자)가 있다. 저렴하고 흔히 쓰이는 CMOS에는 빛에 따라 다르게 반응하는 회로가 있어 빛이 작은 빨강, 초록, 파랑 필터를 통과하면서 픽셀마다 다른 색을 낸다. 반면, 색 필터를 사용하는 CCD의 경우 작은 축전기가 있는 회로로 이루어지며 들어오는 광자의 정보에 따라 전자를 내보낸다. CCD의 픽셀마다 '전자 통'이 있는데 여기에 모은 전자량을 토대로 화면을 만든다.

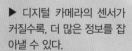

▶ 디지털 카메라의 센서가 커질수록, 더 많은 정보를 잡아낼 수 있다.

▲ 보통 DSLR 카메라는 품질 좋은 상을 얻을 수 있는 CCD를 사용하지만 기술이 발달함에 따라 CMOS가 점차 보편화되고 있다.

코닥은 1975년 최초로 디지털 카메라를 개발했으나 업계에 미칠 영향을 알면서도 필름 방식을 고수했다.

▼ CCD와 CMOS의 특징.

특징	CCD	CMOS
카메라 부품	센서 + 보조칩 + 아날로그 디지털 변환기	센서 + 보조칩 (제품에 따라)
속도	중간에서 빠름	빠름
감도	높음	낮음
노이즈	낮음	중간
시스템 복잡도	높음	낮음
회로 집적도	낮음	높음
충전율	높음	낮음
칩 신호	아날로그 전압	디지털 비트
픽셀 신호	전자	전압
셔터링 균일도	중간에서 높음	낮음

조셉슨 접합과 SQUID

폭넓게 응용되고 있으나 우리에게 익숙하지 않은 양자 기술로 조셉슨 접합이 있다. 케임브리지 대학교 물리학자 조셉슨의 이름을 딴 것으로, 아주 작은 초전도체 한 쌍과 그 사이에 끼워 넣은 장벽으로 이루어져 있다. 장벽에서 양자 터널링 현상이 발생하면 기이한 특징이 생기며 그중 가장 중요한 것은 교류를 공급하면 조셉슨 접합을 아주 예민한 검전기처럼 사용할 수 있다는 점이다.

조셉슨 접합은 센서에 주로 사용되나, 자기장의 아주 작은 변화도 찾아내는 SQUID(초전도 양자 간섭 소자)의 형태로 가장 많이 볼 수 있다.

레이저와 마찬가지로 SQUID 역시 적용 분야가 점점 늘어나는 추세다. 예를 들어, MRI 장치에 사용되는 탐지기나 자기력 현미경을 만들 수 있으며, 최근에는 지구 자기

▶ 조셉슨(Brian Josephson)은 '장벽을 터널링하는 초전류의 성질 예측 중 조셉슨 효과로 알려진 현상'을 발견하여 1973년 노벨 물리학상을 공동 수상했다.

조셉슨은 텔레파시나 물의 기억과 같은 기이한 주장을 증명하고자 했기 때문에 과학계와 자주 대립했다.

장의 아주 미세한 변화도 알아차릴 수 있는
특수 탐지기에도 사용하고 있다. 그 외에 불
발탄과 같은 금속 물체를 감지하는 용도로도
쓰이며, 구세대 장비와는 다르게 SQUID는 물
이 있어도 성능을 발휘하는 데 문제가 없다.

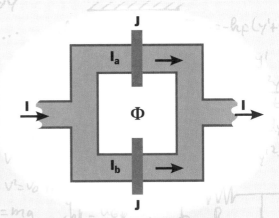

▶ 간단한 구조의 SQUID. 짙은 회색의
두 초전도체 사이를 막고 있는 한 쌍의
조셉슨 접합(J)이 자기장의 변화(Φ)에 민
감하게 반응해 전류의 세기(I)를 바꾼다.

▼ 최초의 SQUID 자력계 시연 장면.

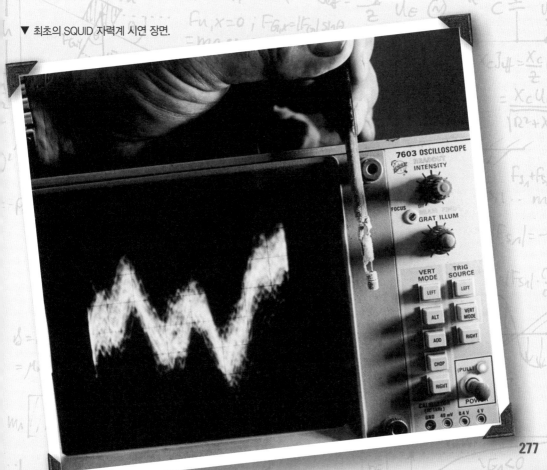

양자광학

안경, 망원경, 현미경과 같이 거울이나 렌즈를 이용해 광선을 다루는 광학은 우리에게 친숙한 영역이다. 지금까지 살펴본 다른 장비처럼, 광학 장비 또한 양자 작용을 응용한다. 그러나 다른 양자 작용을 이용하는 장비로도 빛의 흐름을 조작할 수 있다. 양자광학의 한 분야인 '광자학'은 광자를 이용해 전자 공학의 효과를 구현한다.

양자 작용을 이용해 빛을 발하는 장비는 모두 양자광학에 속하며 그 범위는 상당히 넓다. 재래식 전구에도 양자 작용이 있으나 양자물리의 원리를 접목하여 발명된 것은 아니다. 대표적인 예인 레이저(→260쪽) 외에도, 전자 제품 스크린에 흔히 사용되는 발광다이오드(LED)는 재래식 전구를 대체할 차세대 조명이다. 다이오드 한쪽에 있는 전자가 반대쪽에 있는 정공과 결합하면서 빛의 형태로 에너지를 뿜어낸다.

전문적인 양자 광학에서 사용하는 완전히 새로운 물질로는 자연에서 찾아볼 수 없는 특징을 가지는 '메타물질'이 있다. 일반적인 투명한 물체는 보통 양의 굴절률

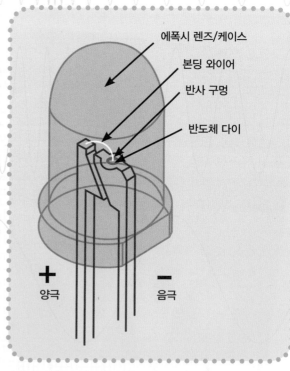

에폭시 렌즈/케이스

본딩 와이어

반사 구멍

반도체 다이

+
양극

−
음극

▲ 재래식 전구에 비해 열에너지 소모가 적은 LED 전구로 기존의 조명을 교체하고 있다.

▲ 기존의 컴팩트 형광등을 빠르게 대체하고 있는 LED 전구는 전력 사용량이 적고 즉시 점등할 수 있으며 잘 깨지지 않는다는 장점이 있다.

을 가지며 들어오는 빛을 안쪽으로 휘게 만드는데, 일부 메타 물질은 음의 굴절률을 가지기 때문에 들어오는 빛이 바깥쪽으로 휜다. 이 성질을 이용하면 아주 높은 배율의 슈퍼 렌즈나 받는 빛을 흘려보내는 은폐 장비를 만들 수 있다.

메타물질이 물체를 은폐할 수 있다고는 하나, 성능을 발휘하기 위해서는 빛의 파장보다 작은 규모의 구조로 만들어져야 하며, 가시광선 영역에서는 무용지물이라는 한계가 있다. 처음으로 의미 있는 결과를 냈던 투명 망토는 마이크로파 영역에서 불과 수 센티미터 너비의 물체만 은폐할 수 있었다. 현재로서는 실용성이 떨어지지만, 투명 망토를 만드는 일은 이론상으로는 가능하다.

양자점

어떤 양자 기술은 '전자 공학'과 같은 탈을 쓰고 얌전히 숨어있는 반면, 대놓고 자신의 양자적 특징을 당당히 드러내는 경우도 있다.

양자 입자를 다루는 일이 어려운 이유는 한 자리에 모아두기 까다롭기 때문이다. 이는 양자 입자를 하나씩 모아서 큰 장치를 만들 때 특히 중요한 부분이다. 양자점은 단전자 트랜지스터 제작이나 아주 작은 광원 생성에 사용하는 작은 고체형 반도체이다. 작은 점들은 마치 자극에 반응하여 광자를 방출하는 인공 원자처럼 행동한다.

단전자 트랜지스터는 양자 터널링으로만 도달할 수 있는 격리된 저장고를 가진 플래시 메모리(→ 272쪽)의 축소판이다. 이 경우, '섬'이라

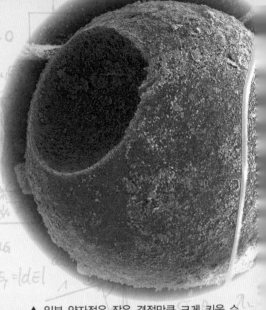

▲ 일부 양자점은 작은 결정만큼 크게 키울 수 있다. 황화카드뮴으로 만든 양자점 사진이다.

고 부르는 저장고가 양자점이 되며 오직 하나의 전자만 가질 수 있다.

양자점의 탄생은 전자 제품 소형화 단계가 마지막에 이르렀음을 암시한다. 이미 한 번에 하나의 전자로 시스템을 작동시키고 있다면, 더 이상 축소할 수 없기 때문이다. 만약, 장비의 크

정확한 의미의 양자점은
아니지만 양자 입자를 잡기
위한 첫 번째 시도로, 바륨 이온
하나를 공중에 띄워 레이저로
밝힌 적이 있다. 맨눈으로 보면
마치 빛나는 점처럼 보였다.

▶ 단전자 트랜지스터에서 양자점(QD)은 게이트를 주 전극에 연결한다.

미니엄

게이트

양자점

터널
접합

게이트 커패시터

소스

기를 더 작게 줄이고 싶다면 아마도 전자 대신 광자를 사용하는 광자학처럼 다른 물질을 사용해야 할 것이다.

양자점은 전자 제품에 들어가는 가장 작은 부품일 뿐 아니라, 하나의 전자를 저장할 수 있으므로 특수한 양자 장비인 큐비트(→282쪽)를 만드는 용도로도 사용할 수 있어 의미가 있다.

▼ 양자점 결정에 전류를 흘려보내면 입자의 크기에 따라 다른 색의 빛을 낸다.

큐비트

큐비트(qubit)는 양자를 뜻하는 '퀀텀(quantum)'과 0 혹은 1의 값을 가지는 컴퓨터의 기본 저장 단위 '비트(bit)'를 합친 말이다. 큐비트와 양자 컴퓨터는 모든 것을 바꿔 놓았다.

큐비트가 중요한 이유는 중첩(➔152쪽) 때문이다. 스핀과 같은 양자적 성질은 확률의 집합이다. 예를 들면, 60퍼센트 확률로 업, 40퍼센트 확률로 다운이 나온다. 중첩이 가능하다는 것은 큐비트가 유동적인 값을 가질 수 있다는 뜻이기도 하다. 아주 큰 소수도 모두 표현할 수 있다. 큐비트는 늘리면 늘릴수록 처리할 수 있는 값이 기하급수적으로 불어난다. 불과 몇백 개의 큐비트로도 현존하는 어떠한 컴퓨터보다 뛰어난 기능을 탑재한 양자 컴퓨터(➔284쪽)를 구현할 수 있는 것이다.

반면, 큐비트가 아주 까다로운 녀석이라는 문제가 있다. 예를 들어, 중첩 상태에 놓

실수 저장하기

● ● ● ● ● ●

중첩 상태에서 스핀의 업과 다운을 방향으로 생각해보자. 100퍼센트 업에서 100퍼센트 다운까지, 아마 0(완전한 업)과 1(완전한 다운)로 할당할 수 있을 것이다. 이러한 중첩 상태를 이용하면 어떤 소수도 만들어낼 수 있다.

인 큐비트의 값을 관측한다고 하면, 60퍼센트로 '업', 40퍼센트로 '다운'이 나온다. 답이 둘 중 하나라는 사실만 알뿐 답을 구하기 위해서는 수고를 들여야 한다.

현재 물리학자들은 큐비트를 대체할 만한 후보로 광자, 전자, 양자점을 고려하고 있으며 그 외에도 MRI 장치에서 사용하는 핵 스핀이나 조셉슨 접합의 변형 역시 가능성이 있다.

미국의 물리학자 슈마허(Benjamin Schumacher)에 따르면, 오래된 길이 단위인 큐빗(cubit)으로부터 큐비트를 떠올렸다고 한다.

▲ 큐비트 자체는 눈에 보이지 않을 만큼 작은 양자 입자지만, 큐비트를 다루는 환경은 꽤 인상적이다. 사진의 장치는 5큐비트 기반이다.

▶ 큐비트가 두 값의 중첩을 저장하기 때문에, 업과 다운 사이의 어떤 값도 가질 수 있으며 어떠한 소수도 표현할 수 있다.

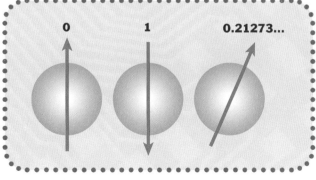

양자 컴퓨터

기존의 컴퓨터는 비트로 정보를 저장한다. 양자 컴퓨터는 비트 대신 큐비트를 사용한다.

이미 수십 년째 개발 중인 이 기술은 상용화가 거의 불가능할 정도로 어렵다는 사실이 밝혀진 바 있으나, 지금도 수많은 연구팀이 양자 컴퓨터를 연구하고 있다.

양자 컴퓨터 개발의 대표적인 어려움으로는 큐비트를 주변 환경과 상호작용하지 않도록 제어하는 결잃음(→ 110쪽) 방지 작업과 양자 순간이동(→ 174쪽)을 필수로 수반하는 정보 전달 과정이 있다. 하지만, 양자 컴퓨터는 기존의 컴퓨터에 요구되는 비트에 비해 훨씬 적은 큐비트만 있으면 작동할 수 있으며, 지금까지 상당히 발전해 왔다. 앞으로 몇 년 내로 양자 컴퓨터는 또 한 번 큰 도약을 이루어낼 것으로 보인다.

▲ IBM의 5큐비트 초전도 프로세서.

양자 컴퓨터에서 사용하는 프로그램 중 두 가지는 1990년대에 유래된 것이다. 하나는 인수를 찾아 컴퓨터의 암호화를 깨뜨리는 목적으로 개발된 것이며 다른 하나는 기존의 컴퓨터보다 훨씬 빠르게 작업을 마칠 수 있는 프로그램이다.

D-Wave를 타고

· · · · · · ·

진정한 의미의 양자 컴퓨터는 아직
상용화되지 않았으나, D-Wave라는
장치가 양자 컴퓨터로 기능할 수 있다는
주장이 제기되었다. 확실히 양자 작용을
이용하여 일부 계산을 기존의
컴퓨터보다 훨씬 빠르게 마칠 수 있으나,
'양자 냉각'이라고 부르는 아주 특수한
과정을 사용하기 때문에 적용 범위에
한계가 있었다.

▼ D-Wave의 프로세서는 기존의 집적회로와
비슷하게 보이지만, 약 512개의 큐비트를 사용
한다는 차이점이 있다.

▼ 양자 컴퓨터의 수정 코어를 고배율로 본 모습.

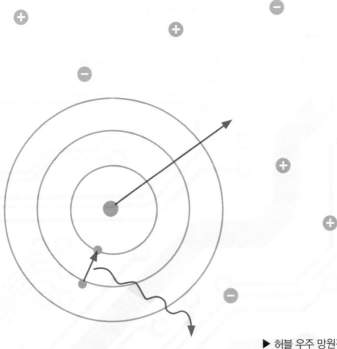

CHAPTER 10

양자 우주

▶ 허블 우주 망원경이 양자 입자, 즉 광자를 탐지할 수 있는 것은 우주 전반에 미치는 양자물리의 영향을 생각해보면 수박 겉핥기 수준이다.

양자 우주론

양자물리는 보통 우리의 일상과는 동떨어진 아주 작은 세계의 물질인 전자, 원자, 광자의 과학으로 묘사된다. 하지만 그렇다고 해서 우주를 이해하는 데 있어 양자 작용을 무시할 수 있다는 뜻은 아니다.

모든 물체는 양자 입자로 이루어져 있으나 우리에게 익숙한 물체와 양자 입자가 매우 다르게 행동한다는 것은 이해하기 꽤 힘들다. 하지만 이미 보았듯이 거시 세계에도 양자 작용이 일어난다.

지구를 넘어 넓은 우주에서 거대한 현상을 관찰하기 시작한 이상, 양자물리를 배제할 수는 없다. 천문학적 규모에서 중력이 가장 중요한 힘이지만 다른 세 개의 근본적인 힘 또한 별의 핵반응과 태양 플레어에서 뿜어져 나오는 전자기 펄스처럼 중요한 역할을 한다. 양자 작용은 블랙홀과 빅뱅과 같은 수많은 가상의 개념에도 빼놓을 수 없다. 사실 양자 이론의 영향이 미치지 않는 것을 찾는 일이 더 어렵다.

통합하지 못한 힘

• • • • • • • •

당분간 중력은 양자 세계와 공존할 수 없다. 상대성 이론의 핵심인 중력장 방정식은 양자화에 실패했다. 거의 모든 물리학자가 중력을 양자화된 자연의 다른 힘과 더불어 설명할 방법이 반드시 있을 것이라고 믿고 있지만, 여전히 행방은 묘연하다.

아인슈타인은 삶의 마지막 30년을 자연에 있는 다른 힘과 중력을 통합하는 일에 바쳤으나 실패했다.

자연의 4대 힘

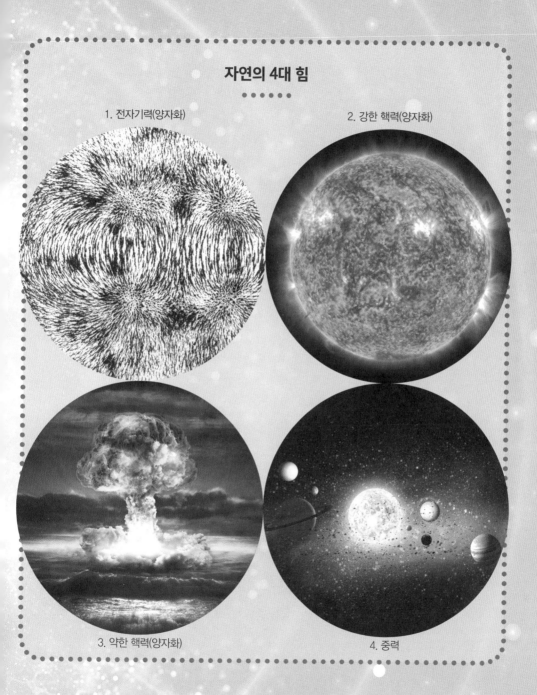

1. 전자기력(양자화)

2. 강한 핵력(양자화)

3. 약한 핵력(양자화)

4. 중력

모든 것의 이론은 없다

물리학자들은 흔히 GUT는 있지만 TOE는 없다고 말한다. 세 개의 양자화된 힘, 즉 전자기력, 강한 핵력, 약한 핵력을 통합한 '대통일 이론(Grand Unified Theory)'은 존재하지만 네 개의 힘을 모두 포함한 '모든 것의 이론(Theory of Everything)'은 존재하지 않는다는 뜻이다.

처음에는 전자기력과 약한 핵력을 통합해 '전자기약력' 이론을 만든 다음, 나중에 강한 핵력까지 통합했다. 현재의 이론은 초기 우주에서는 세 힘이 하나로 합쳐졌으나 냉각되는 과정에서 '대칭 깨짐'이라는 과정을 통해 지금처럼 갈라졌다고 주장한다.

아인슈타인의 일반 상대성 이론은 거대한 물체의 운동을 아주 효과적으로 설명하는 반면, 양자 이론은 아주 작은 세계를 지배한다. 중력이 반드시 통일 이론에 합쳐져야 할 이유는 없지만, 단순함을 추구하는 물리학자들의 생각은 다르다.

▶ 대칭 깨짐은 아주 작은 변화가 상태를 무작위로 바꿔놓을 때 발생한다. 심으로 세운 연필은 어떤 방향으로도 떨어질 확률이 같으므로 대칭이지만, 약간만 충격을 받아도 한쪽으로 넘어지면서 대칭이 깨지고 새로운 상태로 변한다.

뭔가 새로운 것

· · · · · ·

현재 양자 이론과 일반 상대성 이론은
양립할 수 없다. 통일 이론을 세우기
위해서는 하나 혹은 둘 모두를 수정해야
하는데 문제는 둘 다 아주 잘 작동하고
있다는 것이다. 혁신적인 내용의 통일
이론을 세울 수만 있다면, 지금의 이론을
대체하는 일은 충분히 가능하다.

미국의 글래쇼(Sheldon Lee Glashow)와
와인버그(Steven Weinberg),
파키스탄의 살람(Abdus Salam)은
'전자기약력 이론 연구'로
1979년 노벨 물리학상을
공동 수상했다.

▼▶ 글래쇼, 와인버그,
살람(왼쪽부터).

빅뱅

우주가 팽창하고 있다는 사실이 밝혀진 1930년대 이후로, 우주가 한때 하나의 점으로 시작했다는 주장이 타당성을 얻었다.

'빅뱅'이라는 단어는 보통 빅뱅 우주론을 묘사할 때 사용하지만, 단어 선택에 신중한 사람들은 우주의 시작이 아니라 단지 순간적인 팽창의 의미로만 사용해야 한다고 주장한다.

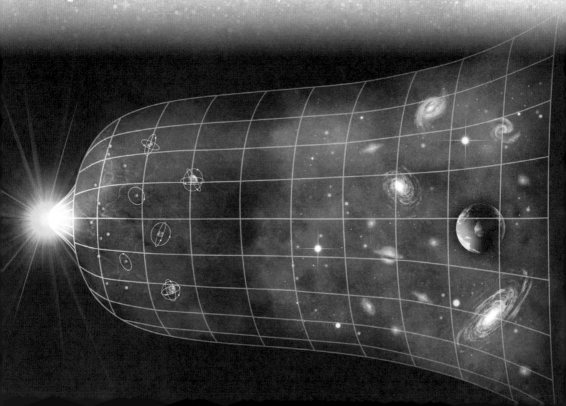

▼ 빅뱅에서 탄생한 어린 우주는 양자 작용의 지배를 받았다.

▼ 풍선의 얼룩을 은하라고 생각해보라. 우주가 팽창하면서 모든 은하는 점점 멀어진다. 풍선의 크기를 아주 작게 줄일 수 있다면, 모든 은하는 하나로 합쳐질 것이다.

빅뱅 이론의 가장 급진적인 형태는 우주가 하나의 '특이점', 즉 무한의 밀도를 가진 점에서 시작되었다는 것이다. 사실, 무한한 밀도는 현재의 이론이 적용될 수 없음을 의미하지만, 유한하며 아주 작은 점에서 우주가 시작했다면 양자물리로 파헤칠 수도 있다는 뜻이기도 하다.

팽창하고 있는 오늘날의 우주가 더 이상 작아질 수 없는 점에서 출발했다는 것을 연구하기 위해서, 빅뱅 이론은 과거로 거슬러 올라간다. 가장 최근의 예측값에 따르면 우주가 팽창하기 시작한 때는 138억 년 전이

다. 우주가 너무 균일하다는 기존 빅뱅 이론의 문제를 해결하기 위해, 우주가 잠깐 동안 급격한 크기로 팽창했다는 주장이 제기되었다. 인플레이션 우주라고 부르는 이 이론을 통해, 초기 우주의 작은 양자 요동이 어떻게 오늘날의 거대한 구조물로 변했는지 설명할 수 있다.

영국의 물리학자 호일(Fred Hoyle)은 1948년 라디오 방송에서 빅뱅 이론을 조롱하면서 처음으로 '빅뱅'이라는 이름을 붙였다.

블랙홀

중력은 가스 구름에서 별을 만들어내는 동시에 붕괴시킨다. 별이 소멸할 때 발생하는 열과
에너지는 원자들끼리 서로 충돌하면서 다시 새로운 별의 요람을 만든다. 일반 상대성 이론
을 기반으로 한 첫 번째 추론은 일부 별은 에너지가 다하면 다시 한 번 붕괴하며 한 점으로
사라질 때까지 계속 작아진다는 것이었다.

"점으로 사라진다"는 것은 특이점을 낳
는다는 뜻이다. 빅뱅과 마찬가지로 현
재의 이론으로 설명할 수 없는 상황이
다. 하지만 블랙홀과 유사한 방식으로
행동하는 천체들이 존재한다는 천문학
적 증거를 발견했다.

일반 상대성 이론에 의하면, 물체가
시공간을 비틀면 중력의 효과가 일어나
고 블랙홀처럼 시공간의 왜곡이 심한 물
체에 가까이 가면 빛조차 빠져나올 수
없다. 이러한 현상이 발생하는 경계면을
'사건의 지평선'이라 한다.

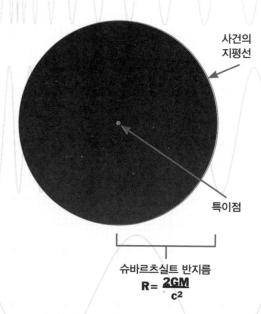

사건의
지평선

특이점

슈바르츠실트 반지름

$$R = \frac{2GM}{c^2}$$

▲ 슈바르츠실트 반지름은 아인슈타인의 중력방정
식을 풀어낸 독일의 물리학자 슈바르츠실트(Karl
Schwarzschild)의 이름을 딴 것으로, 특정 질량을 가
지는 물체가 블랙홀이 되었을 때 가지는 사건의 지평
선의 반지름이다.

▲ 우리 은하 중심에는 블랙홀로 보이는 아주
무거운 질량을 가진 물체가 존재한다.

블랙홀은 검지 않다

블랙홀 밖으로는 아무것도 나올 수
없지만, 블랙홀도 빛을 낸다.
호킹 복사라고 알려진 이 과정은
불확정성 원리(➜ 100쪽)에 의해
사건의 지평선 근처에서 쌍생성이
일어났을 때, 반입자만 블랙홀 안으로
빨려들어가고 입자만 밖으로
튕겨져 나오면서 빛을
방출하는 현상이다.

1724년에 태어난 영국의 천문학자
미첼(John Michell)은 오늘날의
블랙홀과 유사한 개념을 생각해냈다.
당시 미첼은 탈출 속도, 즉 물체가
중력의 족쇄를 풀고 행성 표면을 떠나는
데에 필요한 속도를 연구하고 있었다.
탈출 속도는 행성의 중력이 높을수록
증가했기 때문에 아주 무거운 별의 탈출
속도는 빛보다 빠를 것이라고 추측했다.

양자 중력 이론

중력이 모든 것의 이론에 통합된다면, 전자기력을 광자로 양자화시킨 것처럼 연속적인 값이 아니라 알갱이로 양자화할 수 있을 것이다.

일반 상대성 이론의 중력장 방정식에서는 양자 이론에서 흔히 다루는 불확정성과 확률적 요소를 찾아볼 수 없다. 만약 우리가 중력을 다루는 양자 이론을 세운다면, 일반 상대성 이론과는 달라야 한다. 비슷한 맥락으로, 중력을 양자화한다는 것은 다른 힘과 마찬가지로 매개 입자가 있어야 한다는 의미이며 시간과 공간 역시 양

자화할 수 있다. 즉 중력, 시간, 공간이 연속적이지 않고 더 이상 쪼갤 수 없는 알갱이로 이루어져 있다는 뜻이다.

만약 시공간을 양자화할 수 있다면, 공간의 양자(가장 작은 양)는 플랑크 길이(→68쪽)에 해당한다. 플랑크 길이는 1.6×10^{-35} m로, 이는 가장 작은 원자인 수소 원자보다 10^{25}배 더 작다. 마찬가지로 시간의 알갱이는 5.4×10^{-44}초가 된다. 이러한 플랑크 단위는 자연의 기본 상수를 기반으로 한다. 예를 들어 플랑크 길이는 플랑크 상수(→70쪽)를 2π로 나눈 값에 뉴턴의 중력 상수를 곱한 다음 진공에서의 빛의 속도를 세제곱하여 나누고 루트를 씌운 값이다.

아인슈타인의 일반 상대성 이론과 양자 전기역학이 정립되자 두 단계를 통합하는 단계가 남았다. 아인슈타인과 동료들은 수십 년 동안 이를 연구했다. 당시에는 전자기력에서 매우 효과적이었던 양자장론을

만약 플랑크 길이가 공간의 최소 단위라면, 구골(10^{100})이라는 숫자를 이용할 수 있다. 1세제곱미터 안에는 대략 구골개의 플랑크 길이가 있다.

사용하여 접근하는 것이 가장 효율적이라 생각했다. 그러나 이러한 접근법은 무한값을 제거하는 재규격화에 있어서는 QED보다 훨씬 까다로웠다. 만약 중력을 매개하는 양자 입자가 존재하면 발생하는 상호 작용과 중력 붕괴를 막을 방법이 없어 보였다.

▼ 시공간을 양자화할 수 있다면, 공간은 더 이상 연속적인 값이 아니라 알갱이로 이루어져 있다는 의미다.

중력파

일반 상대성 이론의 예측 중 검증이 가능한 것은 블랙홀만이 아니었다. 아인슈타인은 질량이 큰 물질이 갑자기 움직이면 진동하는 물체를 물속에 넣었을 때처럼 시공간의 파동을 만들어 낸다고 주장했다. 양자물리에서의 파동과 입자 사이 관계를 고려해볼 때, 이는 양자 중력에서 도 상당히 흥미로운 현상이다.

중력파를 찾으려는 수많은 시도에도 몇 가지 이유로 난항을 겪었다. 가시광선이 상대적으로 $4 \times 10^{14} \sim 8 \times 10^{14}$ Hz의 높은 진동수를 가지는 반면, 중력파는 0.001~10,000 Hz 사이의 낮은 진동수를 지닐 거라 예측했는데, 이는 다른 진동과 쉽게 혼동할 우려가

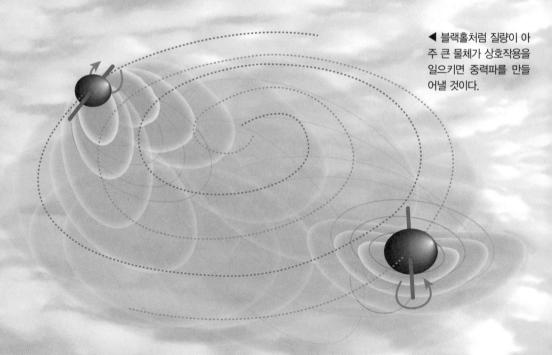

◀ 블랙홀처럼 질량이 아주 큰 물체가 상호작용을 일으키면 중력파를 만들어낼 것이다.

▲ 리빙스턴의 LIGO. 중력파 검출에 사용하는 약 4킬로미터 길이의 터널이 보인다.

있었다. 중력파는 시공간을 왜곡하기 때문에 탐지기의 길이 변화를 측정하여 중력파를 잡아내는 방식을 이용한다. 기존에는 금속 막대를 사용했으나 최근에는 광선을 사용한다. 중력파의 존재는 수십 년 동안 베일 속에 가려져 있었으나, 2015년 LIGO(레이저 간섭계 중력파 관측소)의 탐지기가 중력파로 예상되는 신호를 잡아냈고, 2016년에는 그 신호가 중력파임을 증명하면서 중력파를 직접적인 방식으로 검출하는 데 성공했다.

LIGO는 서로 3,000km 가량 떨어져 있는 워싱턴 헨퍼드와 루이지애나 리빙스턴의 장비를 통해 얻은 두 관측값을 비교하여 결과를 도출한다.

중력파 관측소 앞을 달리는 자동차가 우주의 중력파보다 더 큰 중력 요동을 불러일으킬 수 있다.

◀ 1세대 천문 망원경이 등장하면서 맨눈으로 관측할 때보다 더 먼 곳을 볼 수 있었다.

새로운 시대의 천문학

LIGO의 발견이 발표되었을 때 언론은 "아인슈타인의 일반 상대성 이론을 확정하다"라는 헤드라인으로 대서특필했다. 일반 상대성 이론이 중력파의 존재를 예측한 것은 사실이나 이론은 이미 검증을 거친 후여서 더 이상의 확인은 필요하지 않았다. 대신 중력파의 발견은 천문학에 새로운 관측 도구를 쥐여 주었다 데 의미가 있다.

오랫동안 천문학은 가시광선에 의지해왔다. 처음에는 맨눈으로, 나중에는 렌즈와 거울로 하늘을 바라보았다. 20세기를 지나면서 전파 망원경부터 엑스선과 감마선, 망원경에 이르기까지 전자기파 기반 장비를 사용하기 시작했으나 모든 망원경에는 한계가 있었다.

더 멀리 있는 별빛을 본다는 말은, 더 먼 과거를 응시한다는 뜻이다. 빛이 우리에게 도달하는 데 시간이 걸리기 때문이다. (빛의 속도로 이동하는 중력파도 마찬가지다.) 그리고 우리가 볼 수 있는 우주에도 한계가 있다. 약 37만 년 전의 우주는 불투명했고 광자는 혼탁한 공간을 지나다닐 수 없었다. 하지만 중력파는 우주를 자유롭게 누볐고, 덕분에 우리는 완전히 새로운 천문학의 기초를 세울 수 있었다. 2015년 LIGO가 블랙홀을 관측한 것은 천문학의 다음 세대를 여는 사건이었다.

300

▲ 2세대 천문 망원경은 전파와 같은 전자기파를 사용했다.

▶ 3세대 천문 망원경은 지구 대기에서 일어나는 빛의 왜곡을 피하기 위해 우주 공간에 설치되었다. 중력파는 우리에게 우주를 관측하는 새로운 방법을 제시할 것이다.

중력자

양자 중력 이론은 정립되지 않았지만, 중력파를 입자의 흐름으로 여길 수 있다.
양자 전기역학이 완성되기 전에도 광파를 입자로 다루었던 것과 비슷한 맥락이다.

▼ 만약 중력자가 일반 상대성 이론과 양립할 수 있다면, 중력자의 흐름이 지구와 달처럼 공전하는 천체 사이에 흐를 거라 예상할 수 있다.

러시아의 물리학자 블록힌체프(Dmitri Blokhintesv)와 갈페린(F M Gal'perin)이 1934년 중력을 매개하는 가상의 입자에 '중력자'라는 이름을 붙였으며, 1950년대

▼ 중력은 빛의 속도로 전달되므로 태양이 갑자기 사라진다고 해도 행성이 자신을 끌어당기는 힘이 사라졌다는 사실을 알아차릴 때까지 어느 정도 시간이 걸리게 된다. 가운데 열에 있는 수치는 태양에서 행성까지의 거리를 천문단위(AU)로 나타낸 것이다.

수성	0.387	193.0초 혹은 3.2분
금성	0.723	360.0초 혹은 6.0분
지구	1.000	499.0초 혹은 8.3분
화성	1.523	759.9초 혹은 12.7분
목성	5.203	2,595.0초 혹은 43.3분
토성	9.538	4,759.0초 혹은 79.3분
천왕성	19.819	9,575.0초 혹은 159.6분
해왕성	30.058	14,998.0초 혹은 4.2시간

중력은 빛의 속도로 전달된다. 따라서 태양이 갑자기 사라지더라도 약 8분 정도는 중력의 작용을 느낄 수 있을 것이다.

후반에 미국의 베르그만(Peter Bergmann)과 영국의 디랙이 중력자의 존재를 수학적으로 증명했다.

광자가 광파의 가장 작은 단위이자 전자기력의 매개 입자이듯이, 중력자 역시 중력파의 알갱이면서 중력의 매개 입자이다. 물론 양자화가 가능하다는 것을 증명해야 한다. 또한 광자처럼 중력자는 질량을 가지지 않을 것이다. 그렇지 않다면 중력의 작용 범위가 한정되며 중력자의 질량 때문에 또 다른 중력자를 가지게 되고 중력자의 중력자가 생기게 되는 문제가 발생한다.

중력자는 존재하는가?

중력자는 여전히 가상의 입자로 남아있다. 양자 중력을 연구하는 과학자들은 양자장론에서처럼 무한값이 발생하는 문제를 해결할 수 있다고 생각했으나 실제로 불가능하다는 사실이 입증되었다. 따라서 새로운 이론이 필요하다.

끈 이론

끈 이론은 표준 모형의 한계를 극복하기 위해 탄생했다. 이 이론은 표준 모형이 다루지 못하는 중력의 작용을 설명하며, 양자물리와 중력 사이를 잇는 다리로써 가장 폭넓게 연구된 바 있다.

간단히 설명하면 끈 이론은 매력적으로 들린다. 다양한 양자 입자 동물원(➜ 186쪽)은 없다. 각 입자는 하나의 진정한 기본 입자인 끈의 여러 가지 진동 형태일 뿐이다. 이 끈은 열리거나 고리 모양의 모습을 취할 수 있으며, 다양한 방식으로 진동한다.

　불행히도 이론의 기본 개념 자체는 이해하기 쉬우나, 기반이 되는 수학은 간단하기만 할 뿐 아무것도 계산하지 못하며 9차원 공간이 아니면 끈 이론은 의미가 없다. 이 이론의 가장 큰 문제는, 해답을 찾는 방정식을 풀었을 때 그 해가 10^{500}개에 달한다는 것이다. 저명한 물리학자들이 끈 이론은 유사 과학이라고 주장하는 이유이다.

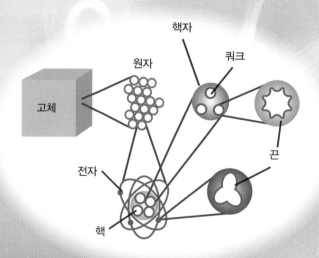

◀ 끈 이론은 쿼크와 전자를 초월한 단계의 물질을 다룬다.

독일의 물리학자 보요발트(Martin Bojowald)는 끈 이론이 의심의 여지없는 모든 것의 이론이라고 말했다.

▲ 끈 이론의 해는 관측할 수 있는 별보다
훨씬 많다.

열린 끈

닫힌 끈

▲ 끈은 끝점 없이 닫히거나, 두 개의 끝점
을 가지고 열린다. 두 경우 모두 다양한 방
식으로 진동할 수 있다.

▶ 윗줄은 열린 끈, 아랫줄은
닫힌 끈의 진동 방식을 나타낸
것으로, 각각 하나의 입자에 대
응한다.

검증 가능성 필요

• • • • • • • •

과학 이론이 검증 가능한 예측을 하지 못한다
면 이론으로서의 가치가 없다. 끈 이론은 반대
의 경우로, 너무 많은 해결책을 내놓기 때문에
검증이 아주 까다롭다.

다차원

수학자들과 물리학자들에게 다차원은 익숙한 개념이다.

수학에서는 원하는 만큼의 차원을 만들어낼 수 있다. 양자물리에서도 방정식의 다른 변수에 해당하거나 일어날 수 있는 모든 결과가 차원마다 하나씩 발생하는 다차원 우주를 고려하는 일은 흔하다. 하지만 이들은 단지 수학적 도구일 뿐이다. 그러나 끈 이론은 다르다. 여섯 개의 실제 차원이 필요하다.

　분명히 이런 의문이 들 것이다. 그래서 그 차원은 어디에 있는가? 우리 세계가 9차원

▲ 정육면체를 2차원으로 나타낼 수 있는 것과 마찬가지로, 4차원의 도형인 테서렉트(tesseract)를 3차원에 나타낼 수 있다. 테서렉트는 모두 같은 크기의 정육면체로 구성된 8개의 '옆면'이 있으나, 투시도에서는 왜곡이 일어난다.

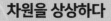

차원을 상상하다

종이에 그린 2차원의 사각형을 생각해보자. 여기에 수직으로 기둥을 세우면 3차원의 물체가 된다. 끈 이론을 이해하기 위해서는 9차원이 될 때까지 직각으로 계속 차원을 추가해야 한다.

공간으로 이루어져 있다고 가정하면 일상생활에서 다른 차원의 영향을 찾아볼 수 있어야 한다는 결론에 도달할 수 있다. 하지만 실제로는 전혀 느낄 수 없다.

　4차원 공간 정도는 쉽게 떠올릴 수 있다. 우주가 경계면이 없는 유한한 모습을 갖는 것이 가능할 것이다. 지구를 생각해보자. 지구의 표면은 2차원 공간이다. 하지만 표면이 휘어져 있기 때문에 지구는 3차원이며 경계가 없는 유한한 면적을 가진다. 마찬가지로 우주도 휘어진 4차원 공간이라고 생각하면

경계를 가지지 않는다. 하지만 끈 이론은 4차원을 넘어 더 큰 수의 차원이 필요하다. 이 문제를 해결하기 위해 눈에 보이지 않는 차원은 감지할 수 없는 팽팽한 고리로 말려 있는 것으로 간주한다.

▼ 우리는 3차원의 공간과 1차원의 시간에 익숙하지만 끈 이론은 더 많은 수의 차원을 필요로 한다.

영국의 물리학자 데이비스는 이런 말을 했다. "끈 이론을 믿는 사람들이 그 이론을 깔끔히 설명할 수 있는 날이 올 지도 모르지만, 그러기 전에 그들은 자신들의 이론이 통하는 꿈의 나라로 도망쳐버릴지도 모르겠군."

M 이론

끈 이론은 크게 다섯 가지로 나눌 수 있는데, 1995년 미국의 물리학자 위튼(Edward Witten)이 M 이론으로의 통합을 제안했다. 기존의 이론에 맞추기 위해서는 한 차원이 더 필요했기 때문에, M 이론은 10차원의 공간과 1차원의 시간을 필요로 한다.

M 이론의 기본 단위는 끈이 아니라 막이며, 10차원 공간 속에 존재한다. 여기서 1차원 막이 말려있는 모습이 끈처럼 보이는 것이다.

M 이론의 덧차원(extra dimension)의 의미는 (끈 이론과 마찬가지로) 공상 과학 소설에서 또 다른 세상의 느낌으로 사용하는 '평행 차원'과는 다르다. M 이론의 덧차원은 우리가 현재 경험하는 차원과 같은 종류이다. 즉

막에 살다

· · · ·

M 이론에 따르면 우리가 사는 우주는 10차원 공간에 떠도는 하나의 막이다. 기존의 빅뱅 이론에 대안을 제시한 '에크파이로틱 이론'은 우주가 두 개의 막이 충돌하면서 팽창했다고 주장한다.

▶ 극단적인 예로, 관 모양으로 말린 2차원 종이를 멀리서 보면 1차원처럼 보인다.

덧차원이 존재한다면 우리에게 보이지 않을 이유가 없으므로 어떤 방식으로든 이론을 수정해야 한다는 것을 의미한다.

끈 이론을 구성하는 차원처럼 M 이론은 말린 공간의 덧차원이 필요하다. 2차원의 종이를 말아서 길고 얇은 관 모양으로 만들었다고 해보자. 거리를 두고 보면 1차원 선으로 보이지만 자세히 보면 2차원의 종이를 볼 수 있다. 이제 10차원 우주를 떠올려보라. 마찬가지로 우리에게 익숙한 3차원 외에도 작게 말려 보이지 않는 7개의 차원이 있다고 상상할 수 있지 않을까?

▶ 에크파이로틱(Ekpyrotic)은 '불덩이'를 뜻한다. M 이론을 기반으로 하는 에크파이로틱 우주에서는 지금 우리가 사는 막이 10차원 공간에서 다른 막과 충돌하며 수많은 빅뱅이 일어날 수 있다고 생각한다.

'M'의 뜻은 밝혀지지 않았다.
위튼은 '마법(magic)',
'막(membrane)',
'미스터리(mystery)' 중
하나라고 주장했다.

루프 양자 중력 이론

끈 이론의 가장 큰 라이벌은 루프 양자 중력 이론(loop quantum gravity)이다. 루프 양자 중력 이론은 끈 이론의 덧차원 개념이 필요 없으며 소립자를 끈으로 생각하지도 않는다. 대신 시공간을 일종의 양자, 즉 고리로 분해한다.

양자 이론을 시공간에 적용하면, 불확정성 원리(→100쪽)가 개입한다. 시공간의 경우 운동량과 위치가 아니라, 공간의 에너지와 곡률이 쌍으로 이어진다. 일반 상대성 이론

> ## 시공간
> • • •
>
> 특수 상대성 이론은 상대성을 다루는 초기 시도로, 시공간의 개념을 도입했다. 이 이론은 공간에서의 움직임이 시간에 영향을 미치기 때문에 시간과 공간을 별개로 볼 수 없었고, 시간은 시공간을 구성하는 4번째 차원으로 보아야 한다는 사실을 증명했다.

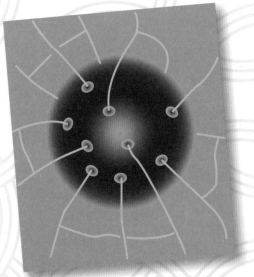

▲ 루프 양자 중력 이론은 블랙홀에서 사건의 지평선이 가지는 엔트로피 문제에 해결책을 제시했다. 양자 고리가 사건의 지평선에 구멍을 내는 그림으로 표현한 그림이다.

에서는 고무판을 예시로 드는 경우가 많다. 쇠공을 위에 얹으면 고무판이 휘어지는 것처럼 시공간이 뒤틀리는 것이다. 루프 양자 중력 이론에서는 서로 엮인 고리가 여기에 해당한다.

이 이론에서 고리를 생각해보면, 자연히 시공간 속에 있는 어떤 구조물이 떠오를 것

이다. 하지만 고리의 엮임이 시공간 그 자체다(시간은 그저 부가적인 요소이므로 정확하게 말하면 공간이다). 빈 공간 역시 고리를 가지며, 고리가 없는 곳은 공간이 없다.

루프 양자 중력 이론이나 끈 이론 모두 잘못되었다고 밝혀질 가능성도 충분히 있

전자 중성미자　　　전자 반중성미자

양성자　　　　　전자

다운 쿼크　　　　업 쿼크

▲ 루프 양자 중력 이론의 한 형태에서, 입자들은 공간의 양자인 고리를 꼬아 놓은 것으로 표현되며, 친숙한 양자 입자를 서로 다른 형태의 고리로 나타낸다.

다. 하지만 물리학자들은 모든 우주를 설명하는 양자의 세계에 중력을 가져오기 위해 계속 노력할 것이다.

앞으로 벌어질 일은 다음의 세 가지 중 하나다. 첫째, M 이론이나 루프 양자 중력 이론이 일반 상대성 이론을 양자의 무대 위로 올려놓는다. 둘째, 일반 상대성 이론과 양자 이론이 다른 새로운 이론으로 대체된다. 셋째, 두 이론의 통합이 불가능하다는 사실을 증명한다. 모든 것의 이론이 반드시 존재해야 할 이유는 없다. 하지만 지금까지의 모든 경험으로 언젠가는 보편적인 하나의 관점에 도달할 것이다.

최종 결과가 어떤 모습이든 양자 이론은 물질과 빛의 행동을 묘사하는 데 놀라울 정도로 정확하다는 사실을 입증해 보였다. 앞으로 수세기에 걸쳐 새롭게 발견될 기술들에도 이 이론은 변함없이 영감을 불어넣을 것이다.

고리는 양자 입자와 마찬가지로 정확히 떨어지는 형태가 아닌 흐릿한 확률의 구름에 가깝다.

찾아보기

사진 출처

모든 사진의 저작권은 Shutterstock에 있으며, 이외의 경우는 원저작자의 사용 허가를 받아 다음에 수록하였다.

117 illustrations by Geoff Borin

p.97 © Science Photo Library

p.99 © Gift of Jost Lemmerich/ Emilio Segre Visual Archives/ American Institute of Physics/ Science Photo Library

pp.99, 100 © Emilio Segre Visual Archives/American Institute of Physics/Science Photo Library

p.103 Wikimedia/Koogid

pp.105, 107 Wikimedia

p.109 © Keystone/Stringer/Getty Images

p.116 with kind permission of Prof Rolf Pelster, University of Saarbrücken

CHAPTER 5

p.120 © CERN

pp.121, 123, 125, 127, 128, 136, 143, 144, 147, 148 illustrations by Geoff Borin

p.121, 126 Wikimedia

p.122 Wikipedia

p.124 © Lucas Taylor/CERN

p.130 (왼쪽) © Harvey of Pasadena/American Institute of Physics/ Science Photo Library

p.130 (가운데) © Science Photo

Library

p.130 (오른쪽) © Emilio Segre Visual Archives/American Institute of Physics/ Science Photo Library

p.131 © Diana Walker/Getty Images

p.132 © Estate of Francis Bello/Science Photo Library

p.142 Natural History Museum, London/Science Photo Library

pp.148-9 © Inga Nielsen/Dreamstime.com

CHAPTER 6

pp.153, 155, 156, 160, 165, 166, 172 illustrations by Geoff Borin

p.158 Photograph by Paul Ehrenfest, copyright status unknown. Coloured by Science Photo Library

pp.158-9 © Inga Nielsen/ Dreamstime.com

p.161 (왼쪽) © Science Source/ Science Photo Library

p.161 (가운데, 오른쪽) © Emilio Segre Visual Archives/ American Institute of Physics/Science Photo Library

p.165 © Peter Menzel/Science

Photo Library

p.167 Thaler Tamás/ Wikimedia Commons

p.173 © Jin Liwang/ Xinhua/eyevine

CHAPTER 7

pp.181, 183, 186-7, 188, 193, 197, 199, 204, 206 illustrations by Geoff Borin

p.179 © Christophe Vander Eeecken/Reporters/Science Photo Library

p.180 © NASA/WMAP Science Team/Science Photo Library

pp.180-1, 202-3, 208-9 © Inga Nielsen/Dreamstime. com

p.182 © Lawrence Berkeley Lab/ Science Photo Library

p.184 (왼쪽), 196, 201 (왼쪽) © Emilio Segre Visual Archives/American Institute of Physics/ Science Photo Library

pp.184 (오른쪽), 198 © CERN/ Science Photo Library

p.185 © Omikron/Science Photo Library

pp.186, 189 © Estate of Francis Bello/Science Photo Library

p.190 © Monica Schroeder/

Science Photo Library

p.191 © Kevin Fleming/ Getty Images

p.194 © Atlas Experiment, CERN/Science Photo Library

p.195 © Los Alamos National Laboratory/Science Photo Library

p.199 © CERN European Organization for Nuclear Research

pp.200, 204-5 © Maximilien Brice, CERN/Science Photo Library

pp.201 (오른쪽), 205 © David Parker/ Science Photo Library

p.202 © Atlas Collaboration/ CERN/Science Photo Library

p.203 © L Medard/Eurelios/ Science Photo Library

p.207 © NASA, ESA, Jee and H Ford (Johns Hopkins University)/Wikimedia Commons

CHAPTER 8
•••••••••••••••••••••••

pp.214, 216, 227, 229, 237, 241 illustrations by Geoff Borin

pp.220-1, 228-9 © Inga Nielsen/Dreamstime.com

p.221 Nobel Foundation/ Wikimedia Commons

p.223 © Manfred Kage/Science Photo Library

p.224 Alfred Leitner/Wikimedia Commons

p.225 (위) © Emilio Segre Visual Archives/American Institute of Physics/Science Photo Library

CHAPTER 9
•••••••••••••••••••••••

pp.245, 246, 248, 251, 252, 256, 261, 263, 264, 265, 266, 268, 270, 272, 277, 278, 281, 283 illustrations by Geoff Borin

p.259 © Alfred Pasieka/Science Photo Library

p.260 © Corning, Inc./ Emilio Segre Visual Archives/ American Institute of Physics/ Science Photo Library

p.261 illustration based on diagram from Lawrence Livermore National Laboratory

p.271 MaltaGC/Wikimedia Commons

p.276 © Emilio Segre Visual Archives/American Institute of Physics/Science Photo Library

p.277 © University of Birmingham Consortium on High TC Superconductors/Science Photo Library

p.280 Pacific Northwest National Laboratory, US Department of Energy/Wikimedia Commons

pp.280-1 © Inga Nielsen/Dreamstime.com

p.283, 284 © IBM Research/ Science Photo Library

p.285 (아래) © Richard Kail/ Science Photo Library

p.285 (위) Wikipedia

CHAPTER 10
•••••••••••••••••••••••

pp.290-1, 296-7, 308-9 © Inga Nielsen/ Dreamstime.com

p.291 (왼쪽) © Emilio Segre Visual Archives/American Institute of Physics/Science Photo Library

p.291 (가운데, 오른쪽) © CERN/ Science Photo Library

pp.293, 294, 298, 304, 305, 308, 310, 311 illustrations by Geoff Borin

p.299 © LIGO

p.306 © Equinox Graphics/ Science Photo Library